Klima Sparbuch
Frankfurt 2018

Klima schützen & Geld sparen

Herausgegeben von der Stadt Frankfurt am Main
und dem oekom e.V.

Inhaltsverzeichnis

Bildung für nachhaltige Entwicklung in Frankfurt 4

Top Ten: Die wirkungsvollsten Klimatipps 6

Klimaschutz in Frankfurt 8

Klimawandelanpassung in Frankfurt 11

Gesünder essen und genießen 13

Bewusster leben und konsumieren 29

Nachhaltig unterwegs im Alltag und auf Reisen 43

Grüner und schöner wohnen 55

Ökologisch bauen und renovieren 67

Klimagutscheine 80

Übersicht ausgewählter Anbieter für Bildung nachhaltiger Entwicklung in Frankfurt 111

Grußwort

Liebe Mitbürgerinnen, liebe Mitbürger,

25 Jahre nach dem Erdgipfel von Rio zeigt sich im Klimaschutz ein gemischtes Bild. Es gibt Hinweise, dass die weltweiten CO_2-Emissionen nicht mehr weiter steigen, weil schmutzige Kohle gegenüber Wind und Sonne kaum noch konkurrenzfähig ist. Doch gerade in Deutschland kommen wir seit ein paar Jahren nicht mehr richtig voran. Zwei wichtige Bereiche liefern zu wenig: der Verkehr und die Landwirtschaft. Diesel-SUVs verpesten weiter die Luft, industrielle Tierhaltung auch noch die Böden und das Trinkwasser.

Viele Verbraucherinnen und Verbraucher machen diese Umweltzerstörung nicht mehr mit. Wer einmal anfängt, seinen Lebensstil zu verändern, bekommt richtig Lust auf mehr. Das Klimasparbuch gibt Ihnen viele Tipps für Ihre Einkäufe, Ihre Wege oder Ihr Wohnumfeld – und bringt Sie in Kontakt mit unzähligen Initiativen, die an der „Green City" arbeiten. Danke an alle Partner, gemeinsam schaffen wir die Wende zu einer klimaneutralen Stadt!

Und doch wird es öfter heiß in Frankfurt. Unsere Antwort darauf ist mehr Grün, auch auf Dächern und an Fassaden. Informieren Sie sich über unser neues Förderprogramm und engagieren Sie sich für ein gutes Stadtklima!

Ihre

Rosemarie Heilig

Rosemarie Heilig
Dezernentin für Umwelt und Frauen

Bildung für Nachhaltige Entwicklung in Frankfurt

Bildung für nachhaltige Entwicklung (BNE) bezeichnet ein ganzheitliches Konzept, das den globalen – ökologischen, ökonomischen und sozialen – Herausforderungen unserer vernetzten Welt begegnet. BNE ermöglicht es jedem Menschen, die Auswirkungen des eigenen Handelns zu verstehen und verantwortungsvolle Entscheidungen zu treffen, damit die Welt und das eigene Umfeld auch in Zukunft lebenswert ist. „Nachhaltige Entwicklung ist eine Entwicklung, die die Lebensqualität der gegenwärtigen Generation sichert und gleichzeitig zukünftigen Generationen die Wahlmöglichkeit zur Gestaltung ihres Lebens erhält.", lautet die Definition von nachhaltiger Entwicklung im Brundtland-Bericht.
2015 fiel der Startschuss für das UNESCO-Weltaktionsprogramm BNE. Das fünfjährige Programm (2015-2019) zielt darauf ab, BNE strukturell in der Bildungslandschaft zu verankern und langfristig zu etablieren.

Netzwerk „Nachhaltigkeit lernen in Frankfurt": Eine Bildungslandschaft für nachhaltige Entwicklung entsteht

Die Beteiligung am „Weltaktionsprogramm Bildung für nachhaltige Entwicklung" wird von der Stadt Frankfurt am Main als Chance gesehen, Kindern, Jugendlichen und Erwachsenen nachhaltiges Handeln nahezubringen und zugleich die Prinzipien dazu in der Frankfurter Bildungslandschaft zu verankern. Das Netzwerk „Nachhaltigkeit lernen in Frankfurt" soll die Aktivitäten von Bildungsinstitutionen, Initiativen, Kirchen, Vereinen und Unternehmen in Frankfurt bündeln, relevante Bildungsakteure vernetzen und Hintergrundinformationen bereit-

stellen. Umweltlernen in Frankfurt e.V. koordiniert dieses Netzwerk im Auftrag der Stadt.
Bildungsangebote werden im Sinne von Nachhaltigkeit weiterentwickelt, Impulse für neue Projekte gegeben und die öffentliche Wahrnehmung gestärkt.
Entsprechend den Jahresthemen der Deutschen UNESCO-Kommission wurden Aktionswochen, Ideenwettbewerbe, die jährliche Veranstaltungsreihe „21 Tage Zukunft" und schließlich 2014/2015 der viel beachtete Wettbewerb „Brücken in die Zukunft" veranstaltet. Ausdruck der Anerkennung dieser Arbeit sind die Auszeichnungen des Netzwerks sowie der Stadt als Modellkommune im Rahmen des Weltaktionsprogramms BNE.
Auf der Internetseite bne-frankfurt.de finden Sie Veranstaltungen, Informationen zu BNE-Akteuren in Frankfurt und Hintergründe zum Netzwerk. Auch die Broschüre Frankfurter Lernorte der Nachhaltigkeit kann dort bestellt oder heruntergeladen werden.
Im vorliegenden Klimasparbuch stellen wir eine Auswahl der zahlreichen Bildungsprojekte im Bereich BNE in Frankfurt vor. Sie soll beispielhaft die verschiedenen Zugänge und Zielgruppen der BNE zeigen und Sie zum Mitmachen anregen. Vielleicht möchten Sie ja selbst mal einen globalisierungskritischen Stadtspaziergang unternehmen? Oder Sie sind Pädagogin oder Pädagoge und suchen Anregungen für Ihren Unterricht?
Lassen Sie sich inspirieren!

Top 10 Die wirkungsvollsten Klimatipps

Haben Sie im Moment wenig Zeit oder Lust, viele Dinge gleichzeitig in Ihrem Leben zu verändern? Dann kümmern Sie sich erst einmal um die Punkte mit der größten Klimaschutzwirkung. Die ersten fünf sind ohne Investitionen umsetzbar. Nummer zehn – die Kompensation – ist für Notfälle. Denn Vermeiden kommt vor Ausgleichen.

1 Wechseln Sie zu einem hochwertigen Ökostrom-Produkt, zum Beispiel mit dem Gütesiegel ok-Power.

2 Überdenken Sie Ihr Konsumverhalten: Kaufen Sie nur die Dinge, die Sie wirklich brauchen. Achten Sie beim Einkaufen auf Energieverbrauch und Langlebigkeit der Produkte.

3 Lassen Sie das Auto häufiger stehen und fahren Sie mit Fahrrad, Bus oder Bahn. Teilen Sie sich ein Auto mit anderen, fahren Sie spritsparend und vor allem: Verzichten Sie, so oft es geht, auf Flugreisen.

4 Ernähren Sie sich klimafreundlich: Reduzieren Sie tierische Nahrungsmittel, kaufen Sie Bioprodukte – möglichst aus der Region. Verzichten Sie auf stark verarbeitete Lebensmittel und auf unnötige Verpackungen.

5 Sparen Sie Heizenergie. Achten Sie auf dichte Fenster, lassen Sie Heizung und Heizkörper regelmäßig überprüfen und probieren Sie es mal mit einer Absenkung der Raumtemperatur.

6 Sollten Sie ein Haus oder eine Eigentumswohnung besitzen: Ersetzen Sie undichte Fenster durch neue und tauschen Sie die Heizung oder Heizungspumpe aus.

7 Wenn Carsharing keine Option ist, achten Sie beim Neukauf Ihres Autos auf einen möglichst geringen CO_2-Ausstoß: Prüfen Sie, ob Antrieb, Motorleistung und Größe des Wagens alltagstauglich und für Ihren Gebrauch angemessen sind.

8 Investieren Sie in ökologische Projekte. Lassen Sie Ihr Geld für den Klimaschutz arbeiten und freuen Sie sich über die gute Rendite.

9 Schaffen Sie sich stromsparende Geräte an: Kühlschrank, Computer und Waschmaschine reduzieren Ihre Stromkosten deutlich, wenn sie energieeffizient arbeiten. Und schalten Sie Stand-by-Geräte ganz ab – durch eine Steckerleiste mit Schalter.

10 Kompensieren Sie Ihren Ausstoß klimaschädlicher Gase. Über eine freiwillige Abgabe können Sie Klimaschutzprojekte fördern.

Klimaschutz in Frankfurt

Ehrgeizige Klimaschutzziele
bis 2050

Die Stadt Frankfurt am Main hat sich ehrgeizige Klimaschutzziele gesetzt: Bis zum Jahr 2050 will die Stadt ihren Energiebedarf um die Hälfte reduzieren. Der Restbedarf soll vollständig aus erneuerbaren Energien gedeckt werden, die in der Stadt selbst und in der Region erzeugt werden. Gleichzeitig will die Stadt Frankfurt am Main die Treibhausgasemissionen gegenüber 1990 um mindestens 95 Prozent reduzieren. Um diese Ziele zu erreichen, erarbeitet die Stadt Frankfurt am Main seit 2012 im Rahmen eines Förderprojektes des Bundesministeriums für Umwelt, Naturschutz, Bau und Reaktorsicherheit (BMUB) einen „Masterplan 100 % Klimaschutz" und hat im Dezember 2016 eine Anschlussförderung für das Projekt erhalten.

Intensive Einbindung der Stadtgesellschaft

„Weiterhin eine Kommune des bundesweiten Förderprojekts zu sein, ist für Frankfurt eine großartige Bestätigung für den Weg, den die Stadt in puncto Klimaschutz geht", sagt Wiebke Fiebig, Leiterin des Energiereferats der Stadt Frankfurt am Main, das die Federführung für dieses Pro-

Wiebke Fiebig, Leiterin Energiereferat

jekt innehat. „Dies ist eine große und bedeutende Aufgabe, die nur gelingen kann, wenn die gesamte Stadtgemeinschaft – angefangen bei Bürgerinnen und Bürgern, über große und kleine Unternehmen, Vereine, Kulturinstitutionen bis hin zu Gebäudeeigentümern und Architekten – mithilft."

Im Mittelpunkt der kommenden zwei Jahre steht daher die Ausgestaltung des zivilgesellschaftlichen Prozesses. Das bedeutet:
- Die Beteiligung einzelner Akteure an dem Prozess Klimaschutz für Frankfurt fortsetzen und weiter unterstützen,
- langfristige Konzepte zur Reduktion von CO_2-Emissionen fördern und
- das Engagement Einzelner bekannt machen und vermehren.

Zu den konkreten Projekten, die das Energiereferat bereits geplant hat, zählen unter anderem:
- Ein neues Förderprogramm für Klimaschutzmaßnahmen von Bürgerinnen, Bürgern und Initiativen. Zum Beispiel für umsetzungsstarke Ideen, nachhaltige Veranstaltungen und langfristig tragbare Konzepte. Hierzu wird eine Förderrichtlinie erstellt, die die Anforderungskriterien im Detail definiert.

- Die Fortführung des Ideenwettbewerbs für Klimaschutzmaßnahmen von Unternehmen und Start-ups. Die besten Ideen werden von einer Fach-Jury bewertet und mit einem finanziellen Förderbeitrag prämiert.
- Kostenlose Energieberatung für kleinere Unternehmen, die nicht über die notwendigen Ressourcen – finanziell wie personell – für eine professionelle Energieberatung verfügen.

Viele Klimaschutz-Ideen von Bürgerinnen und Bürgern bereits umgesetzt

Innerhalb des „Masterplan 100 % Klimaschutz" werden bereits zahlreiche Bürgerideen für den Klimaschutz umgesetzt. Dazu zählen beispielsweise Stadtwandeln-Touren, Repair-Cafés, Geocaching-Touren sowie Give-Boxes.

Partnerschaft für den Klimaschutz

Auf regionaler Ebene soll zukünftig die Zusammenarbeit mit Partnern aus der Rhein-Main-Region verstärkt und der Beteiligungsprozess verstetigt werden. Darüber hinaus startet Frankfurt am Main auf nationaler Ebene im Rahmen der Anschlussförderung des „Masterplan 100 % Klimaschutz" eine neue Tandem-Partnerschaft mit der Landeshauptstadt Stuttgart, die als neue Masterplan-Kommune in das Förderprogramm einsteigt.

Fragen zum Klimaschutz in Frankfurt am Main sowie zum „Masterplan 100 % Klimaschutz" beantworten die Mitarbeiterinnen und Mitarbeiter des Energiereferats. Die Hotline unter 069 212 39193 erreichen Sie Mo-Do von 9.30-11.30 Uhr und von 13-16 Uhr sowie freitags von 9.30-14 Uhr.

Weitere Informationen unter: www.energiewende-frankfurt.de oder www.energiereferat.stadt-frankfurt.de.

Frankfurt wird heißer – und grüner

Der Klimawandel ist kein „bullshit", wie Donald Trump twitterte, er ist längst Realität – auch in Frankfurt. Besonders seit dem Jahr 2000 häufen sich die Hitzesommer. Zweimal stieg das Thermometer im Westend schon auf fast 40 Grad. An Sommertagen ist es in der Innenstadt oft 3 bis 8 Grad wärmer als am Rande des GrünGürtels.

Was früher als Jahrhundertsommer galt, wird bis zum Jahr 2050 fast zur Normalität werden. Nach Prognosen in Zusammenarbeit mit dem Deutschen Wetterdienst und der Uni Kassel müssen wir uns auf bis zu 75 heiße Tage mit über 25 Grad einstellen, heute sind es 44 Tage. Zugleich steigt die Wahrscheinlichkeit für Sturm, Hagel und Starkregenereignisse. Nach einem Unwetter können sich kleine Bäche in reißende Ströme verwandeln.

Der Klimaplanatlas für Frankfurt am Main zeigt bereits heute viele rote und violette Bereiche. Besonders in den Stadtteilen innerhalb des

Alleenrings wird es im Sommer unerträglich heiß, zwischen dichten Häuserzeilen weht kaum ein Lüftchen. Doch entlang des Grün-Gürtels, vor allem im Frankfurter Norden, dominieren noch die Farben grün und blau: Hier gibt es noch einen guten Luftaustausch, auf größeren Flächen kann sich nachts Kaltluft bilden.

Die Koordinierungsgruppe Klimawandel (KGK) hat eine Strategie erstellt, um jede neue Planung stadtklimatisch zu überprüfen. Schon der Riedberg wurde „wassersensibel" geplant, mit großen Rückhaltemöglichkeiten, die attraktiv in einen Park, den Kätcheslachpark integriert sind. Die größere Herausforderung liegt allerdings in der Anpassung der dicht bebauten älteren Quartiere. Die „Klima-Piazza" auf dem Roßmarkt hat im Sommer 2017 gezeigt, wie dies gehen könnte – durch mehr Schatten und mehr Grün. Grün fördert die Abkühlung, dämpft den Verkehrslärm und erhöht die Aufenthaltsqualität. Auch dort, wo sich kein Baum pflanzen lässt, gibt es Lösungen wie das „Grüne Zimmer", ein mobiler vertikaler Garten mit duftenden Pflanzen.

Der Magistrat stellt – verteilt auf fünf Jahre – insgesamt zehn Millionen Euro für die Förderung von Gründächern, begrünten Fassaden und die Entsiegelung von Hinterhöfen zur Verfügung. Zuschüsse gibt es auch für Sonnensegel oder Trinkbrunnen. Dabei übernimmt die Stadt 50 Prozent der Kosten und bietet eine kostenlose Beratung an. Bis 2021 sollen so je 100 Dächer, Hinterhöfe und Fassaden begrünt werden.

Machen Sie mit? Nähere Infos auf frankfurt-greencity.de
Eine Übersicht aller Erfrischungsbrunnen findet sich auf tinyurl.com/Erfrischungsbrunnen.

Gesünder essen und genießen

Im Gespräch mit
Susanne Albert, Schulleiterin der Bergiusschule in Frankfurt

Wie setzt sich die Bergiusschule als Klimagourmet-Patin für Klimaschutz ein?

Die Schülerinnen und Schüler der Bergiusschule, einer beruflichen Schule für Ernährung in Sachsenhausen, werden später in der Gastronomie und Gemeinschaftsverpflegung arbeiten. Dort nehmen sie eine Vorbildfunktion in Sachen gesunder und klimafreundlicher Ernährung ein. Als Botschafter für klimafreundliche Ernährung lernen die Auszubildenden die Grundlagen vollwertiger Kost in Theorie und Praxis kennen und achten stark auf nachhaltige Rohstoffe und Verfahren. Regionalität wird bei uns ebenfalls großgeschrieben: Im Kräutergarten auf dem Schulhof gärtnern, pflegen und ernten Schulklassen die Zutaten für die berühmte Frankfurter Grüne Soße. Die angehenden Lebensmitteltechniker entwickelten zudem einen Hamburger-Patty aus Mehlwürmern aus eigener Zucht.

Wo macht Klimaschutz auch Spaß?

In der eigenen Küche! Zum Beispiel kann man altbackene Brötchen oder Brot zu Semmelbröseln und Serviettenknödeln verarbeiten oder daraus eine köstliche Brotsuppe kochen. Auch Kartoffelschalen kann man sich sparen, wenn man die Kartoffeln gut wäscht und sie mitsamt der Schale zu Wedges verarbeitet.

bergiusschule.de

Gesünder essen und genießen

Auf das gesamte Leben gesehen verbringen wir Menschen ziemlich viel Zeit mit Essen, genau genommen rund 5 Jahre. Daher ist es umso wichtiger, dass es nicht nur darum geht, dass sich der Magen füllt, sondern dass es lecker schmeckt und uns und der Umwelt gut bekommt. Anregungen dazu und weitere Tipps, die Spaß machen und die Welt ein Stückchen nachhaltiger machen können, finden Sie in diesem Kapitel.

Einfach gut: Bio-Lebensmittel

Artgerechte Tierhaltung, sauberes Grundwasser, gesundes Obst ohne Pestizid-Rückstände und Ausschluss von Gentechnik: Das sind wesentliche Vorteile der ökologischen Landwirtschaft. Diese verzichtet vor allem auf mit viel Energie hergestellte synthetische Dünge- und Pflanzenschutzmittel. Zudem speichern mit organischen Stoffen gedüngte Böden mehr Kohlenstoff und bleiben dauerhaft fruchtbar. Nicht zuletzt haben Lebensmittel aus ökologischer Landwirtschaft eine höhere Qualität und schmecken meist besser – das merkt man vor allem beim Fleisch. Deren Produkte erkennen Sie am deutschen Bio-Siegel (Sechseck) oder der EU-Variante (Blatt). Diese beiden Siegel stehen für die EU-Mindeststandards. Die Richtlinien der Bio-Anbauverbände übertreffen die EU-Standards jedoch deutlich. So unterstützt beispielsweise Naturland den Fairen Handel und achtet auf hohe Sozialstandards für die Beschäftigten. Weitere große Anbauverbände mit eigenen Richtlinien sind Bioland und Demeter.

Beispiel
Ein Kilo Biobrot statt herkömmlichem Brot:

Heimisches Obst und Gemüse essen

Ob Erdbeeren im Winter oder Äpfel im Frühjahr – zu jeder Jahreszeit bekommen Sie, worauf Sie gerade Appetit haben. Um diese Nachfrage zu stillen, werden die Lebensmittel oft eingeflogen, über weite Strecken transportiert, lange Zeit in Kühlhäusern gelagert oder in energieaufwendigen Gewächshäusern angebaut. Das hat einen hohen CO_2-Ausstoß zur Folge: Wird ein Kilo Obst oder Gemüse aus Übersee eingeflogen, verbraucht das im Durchschnitt etwa drei bis fünf Liter Treibstoff. Bei saisonalen Produkten ist das Preis-Leistungs-Verhältnis unschlagbar: Früchte und Gemüse kommen erntefrisch und meist ohne lange Transportwege auf Ihren Tisch.
Welche Lebensmittel gerade Saison haben, zeigt Ihnen unser Saisonkalender.

Beispiel
30 kg Obst und Gemüse zur Saison statt eingeflogen spart jährlich:

Ersparnis CO_2 20 kg

Gesünder essen und genießen

Saisonkalender

Gemüse

	JAN	FEB	MÄR	APR	MAI	JUN	JUL	AUG	SEP	OKT	NOV	DEZ
Blumenkohl						●	●	●	●	●		
Brokkoli					●	●	●	●	●	●	●	
Erbsen						●	●	●				
Radieschen					●	●	●	●	●	●		
Ruccola				●	●	●	●	●	●	●	●	
Salat (Eisberg-)						●	●	●	●	●		
Salat (Feld-)	●	●								●	●	●
Salatgurke						●	●	●	●			
Spinat				●	●				●	●		
Tomaten								●	●	●		
Zuccini						●	●	●	●	●		

Obst

	JAN	FEB	MÄR	APR	MAI	JUN	JUL	AUG	SEP	OKT	NOV	DEZ
Äpfel								●	●	●		
Erdbeeren					●	●	●					
Pfirsiche							●	●				
Rhabarber				●	●	●						
Süßkirschen						●	●					
Zwetschgen								●	●			

Frisch von Feld und Hof in Frankfurt

Qualität und Klimabilanz regionaler und saisonaler Lebensmittel sind kaum zu toppen. Ein guter Nebeneffekt: Sie stärken die Wirtschaft vor Ort. Auch in Frankfurt am Main gibt es überraschend vielfältige Möglichkeiten, frische Produkte einzukaufen. Die Broschüre „Frisch von Feld und Hof in Frankfurt am Main" informiert über Hofläden, Selbsternte und Wochenmärkte. Die Broschüre gibt es als PDF unter tinyurl.com/feldfrisch. Keine Zeit für Wochenmarkt oder Hofladen? Dann ist eine Biokiste genau das Richtige. Die kommt aus dem Frankfurter Umland direkt zu Ihnen nach Hause und ist nach Ihren Wünschen befüllt. Welche Lieferdienste es in Frankfurt und Umgebung gibt, erfahren Sie unter frankfurt.de, Suchbegriff „Lieferdienste und Abokisten". Oder Sie schließen sich dem „Futterkreis" an, einer selbstverwalteten „Food-Kooperative" in Frankfurt, die regelmäßig Lebensmittel von regionalen Höfen abnimmt. Der Unterschied zur Biokiste ist die selbstverwaltete Organisation, die Auswahl der Lebensmittel, die oft geringeren Kosten und die Selbstabholung der Lebensmittel an einem zentralen Verteilerpunkt: foodcoop-frankfurt.de

Ernährungsrat

Auch in Frankfurt wurde im August 2017 ein Ernährungsrat gegründet, der sich mit nachhaltiger Ernährung, zukunftsfähiger Landwirtschaft, Direktversorgung von umliegenden Höfen, biologischem Essen in städtischen Institutionen und, und, und beschäftigt. Folgende Gruppen sind derzeit dabei: Bürger für regionale Landwirtschaft und Ernährung e.V. als Träger der Initiative, Transition Town FFM, Slowfood, Aktionsgemeinschaft Echt hessisch, Social Impact Lab, KlimaGourmet und das Umweltdezernat. Wer Lust hat, sich zu beteiligen, meldet sich unter: ernaehrungsrat@bfrl.de

Gesünder essen und genießen

Fleischeslust

Fleisch war früher etwas Besonderes. Heute essen wir es fast täglich – aus Gewohnheit und weil es so billig ist. Dabei gilt: Klasse statt Masse ist besser für uns, Tier und Umwelt. Kaufen Sie hochwertiges Fleisch aus nachgewiesen artgerechter Haltung – am besten mit Bio-Siegel. Tiere, die Gras fressen – also Rinder, Schafe und Ziegen aus heimischer Weidehaltung – sind keine Nahrungskonkurrenten, während Geflügel, Schweine und Mastrinder den Menschen (vor allem im Süden) im wahrsten Sinne des Wortes das Essen wegfressen. Denn oftmals wird Wald gerodet, um die frei werdenden Flächen als Anbaugebiet für Soja zu nutzen, das bei uns in den Futtertrögen der Mastbetriebe landet. Das gilt in der Regel leider auch für das Futter, das Hühner und Milchkühe erhalten.

Argumente, weniger Tierisches zu verzehren und originelle vegane Rezepte gibt es zum Beispiel unter veganguerilla.de; eine Auflistung veganer Läden, Restaurants und Cafés in Frankfurt finden Sie unter vegpool.de/wegweiser/frankfurt-am-main oder unter veganice.eu/restaurants/frankfurt. Oder nutzen Sie gleich den Rhein-Main-Guide von klimagourmet.de. Schauen Sie doch auch mal bei Wiesenlust, einem biozertifizierten Burgerladen in der Bergerstraße vorbei. Neben Burgern mit Bio-Fleisch gibt es hier auch vegetarische und vegane Varianten.

Beispiel
Eine Portion Rindfleisch weniger pro Woche (200 g) spart im Jahr:

Ersparnis
CO_2
280 kg

Grüne Schule Palmengarten:
Programm zu fairer Schokolade

Die Grüne Schule Palmengarten bietet drei Workshops für verschiedene Altersgruppen an. Neben der Erforschung des Kakaobaums im Tropicarium beinhalten alle drei Workshops Stationen, die sich altersgerecht mit dem Thema Anbau und Handel mit Kakao auseinandersetzen. Die Herstellung und der Verzehr einer eigenen Kakaocreme schließen jede Veranstaltung ab.

Grundschule ab 3. Klasse: „Lecker, Schokolade"
Ob klein, ob groß, wir alle lieben Schokolade in den verschiedensten Formen und Variationen. Aber woher stammt eigentlich der Kakao? In diesem Workshop begeben sich die Schülerinnen und Schüler auf die Reise zum Ursprung der Schokolade. Sie begegnen dem westafrikanischen Mädchen Zawadi und lernen ihre Geschichte kennen. Welchen Preis muss sie zahlen, damit wir Schokolade essen können? Die Schülerinnen und Schüler setzen sich spielerisch-kritisch mit den Lohn- und Arbeitsbedingungen in den Anbauländern des Kakaos auseinander und lernen Handlungsoptionen wie den fairen Handel kennen.

Mittelstufe: „Bittersüße Schokolade"
Im Rahmen des 3,5-stündigen Workshops werfen die Schülerinnen und Schüler einen Blick hinter die Kulissen des Alltagsprodukts Schokolade und setzen sich kritisch mit den ungleichen Machtverhältnissen innerhalb der Handelskette in den Anbauländern des Kakaos auseinander. Sie erarbeiten Handlungsoptionen und diskutieren Lösungsansätze wie den fairen Handel.

Oberstufe: „Der Preis der Schokolade – Ist das noch fair?"

Wir alle lieben es, wenn ein Stück Schokolade zart auf der Zunge schmilzt. Doch welchen Preis zahlen andere und welchen zahlt die Natur dafür? Mittels methodisch abwechslungsreicher Aktionselemente gehen die Schülerinnen und Schüler den ökologischen wie auch den gesellschaftlichen Folgen des Kakaoanbaus auf den Grund. Bei einem anschließenden Rollenspiel werden Partizipationsmöglichkeiten wie fairer Handel und nachhaltiger Kakaoanbau diskutiert und analysiert.

Auf pädagogischen Fortbildungen können auch Lehrerinnen und Lehrer das Tropicarium besuchen, die Stationen und Rollenspiele kennenlernen und selbst eine Kakaocreme herstellen. Außerdem werden Umsetzungsmöglichkeiten der Themenkomplexe im Sinne einer Bildung für nachhaltige Entwicklung (BNE) und globalem Lernen im fächerübergreifenden Unterricht aufgezeigt.
Gruene.schule@stadt-frankfurt.de
www.palmengarten.de

Kaffee ohne Müll

Unterwegs schnell einen Kaffee holen – der Koffein-Kick „to go" macht wach, hat aber aufgrund des Einwegbechers eine sehr schlechte Umweltbilanz. Denn für die Herstellung der Kaffeebecher werden jährlich 1,5 Milliarden Liter Wasser, 43.000 Bäume und 22.000 Tonnen Rohöl aufgewendet – die Becher landen nach einmaliger Nutzung auf dem Müll und verursachen rund 40.000 Tonnen Abfall jedes Jahr.
Die Lösung: Mit einem wiederverwendbaren Isolierbecher sind Sie jeden Tag umweltfreundlich unterwegs! Einen innovativen, biologisch abbaubaren Becher aus Baumsaft made in Germany stellt die Firma NoWaste her. Oder Sie machen mit bei der Initiative Becherbonus und bringen einfach Ihre Tasse aus der heimischen Küche mit. Cafés und Läden füllen Kaffee oder Tee in die mitgebrachten Gefäße und Sie erhalten als Bonus eine Vergünstigung von mindestens 10 Cent. Informationen und eine Auflistung der teilnehmenden Unternehmen finden Sie hier:
hessen-nachhaltig.de/de/becherbonus_liste.html

Beispiel
Ein Jahr ohne
Einweg-Kaffeebecher:

Ersparnis CO_2 40 kg

Augen auf beim Fischkauf

Fisch ist ein gesunder Bestandteil unseres Speiseplans. Einzig der Gedanke an die weltweit leer gefischten Meere lässt uns den Appetit auf die Früchte der Meere vergehen.
Welchen Fisch Sie dennoch guten Gewissens essen können und welcher besser nicht im Einkaufswagen landet, erfahren Sie in den Ratgebern von WWF (fischratgeber.wwf.de) und Greenpeace (greenpeace.de/fischratgeber) – beide Fisch-Ratgeber sind auch als App erhältlich. Das MSC-Siegel (Marine Stewardship Council) kennzeichnet Fische und Meeresfrüchte, die aus zertifizierten Fischereien stammen und die Kriterien des MSC für nachhaltige Fischerei erfüllen. Eine Alternative zum Wildfang sind Fische aus Bio-Aquakulturen. Der ASC (Aquaculture Stewardship Council) wurde vom WWF als Pendant zum MSC für Aquakultur gegründet und steht für verantwortungsvolle Zucht von Fisch und Meeresfrüchten. Besonders Naturland ist Vorreiter für ökologischen und nachhaltigen Fisch: die Produkte sind mit dem Naturland-Siegel ausgezeichnet. Eine wirkliche Alternative sind in Deutschland Süßwasserfische aus der Region. Die kurzen Transportwege sprechen für sich. In der Ökobilanz ist ein Karpfen oder ein Saibling deshalb fast unschlagbar, gerade im Vergleich zu Pangasius oder Viktoriabarsch.

Urban Gardening

Urban Gardening

Auch in der Großstadt Frankfurt gibt es viele Möglichkeiten, sein eigenes Obst und Gemüse zu ziehen oder gemeinsam mit anderen zu gärtnern. Egal ob Schrebergarten, Gemeinschaftsgarten oder auf dem Balkon – in der Erde graben macht Spaß, sorgt für Entspannung und das Ergebnis schmeckt oft richtig gut. Übrigens: Garten-Know-how, Veranstaltungs-Tipps und Neuigkeiten aus der Frankfurter Urban-Gardening-Szene gibt's auf dem Blog frankfurter-beete.de.

Und kennen Sie schon das Veranstaltungsprogramm GartenRhein-Main? Über 600 Veranstaltungen, Gartenführungen und Workshops laden von April bis Dezember in und um Frankfurt zum Teilnehmen ein: krfrm.de/projekte/gartenrheinmain

Wie wäre es mit kostenlosem Obst? Städtische Streuobstwiesen lassen sich kostenfrei pachten. Informationen erhalten Sie beim Umweltamt (069 212 39100) oder unter apfel-appell.de.

Eine Auflistung von Schrebergärten zum Mieten in Frankfurt finden Sie unter stadtgruppe-frankfurt.de oder unter tinyurl.com/y9rxgehc.

Auch „Meine Ernte" bietet Ackerflächen im Nordosten Frankfurts zum Mieten an. Mit fachlicher Unterstützung können Sie auf dem Hof der Familie Kötter in Frankfurt-Niedererlenbach Ihren eigenen bereits bepflanzten Gemüseacker pflegen.

Gesünder essen und genießen

Gemeinschaftsgärten

Frankfurter Garten
Der „Frankfurter Garten" auf dem Danziger Platz gegenüber dem Ostbahnhof bietet neben der Gärtnerei, Wochen- und Flohmärkten und Open-Air-Kino auch ein kleines Café, in dem das selbst angebaute Gemüse verwendet wird.

Urban Gardening GallusGarten
Mitten im Gallusviertel auf einem Grünstreifen an der Schneidhainer Straße stehen Hochbeete, später soll auch direkt im Boden gegärtnert werden.

Historisches Rosengärtchen
Anwohnerinnen und Anwohner und der Verein der Kleingärtner Frankfurt/ Rhein-Main e.V haben das historische Rosengärtchen am Röderberghang wiederbelebt.

Ginnheimer Kirchplatzgärtchen
Das erste Frankfurter Urban-Gardening-Projekt auf dem Ginnheimer Kirchplatz bietet neben einzelnen Beeten auch Samen- und Pflanzen-Tauschbörsen u.v.m.

Griesheimer Bahnhofsgärtchen
Die Freifläche um den Griesheimer Bahnhof wird zum Garten! Treffen jeden Donnerstag ab 18 Uhr im Bahnhofsgärtchen.

Bockenheimer Garten
Im Herbst 2013 hat die Initiative Bockenheimer Garten auf dem Kirchplatz mehrere Pflanzkübel mit farbenprächtigen Stauden und Gehölzen bepflanzt.

Detaillierte Informationen unter
tinyurl.com/GartenFFM

Gesünder essen und genießen

Werden Sie zum Klimagourmet:
Genießen und das Klima schützen

Die städtische Kampagne Klimagourmet will nachhaltigen Genuss und Klimaschutz fördern sowie lokale Akteure und die Gemeinschaft stärken. Die Initiative verdankt den Namen der interaktiven Ausstellung Klimagourmet, die mehrfach von der UNESCO ausgezeichnet wurde, und schon an vielen Orten in Frankfurt und Deutschland zu sehen war. Die Besucherinnen und Besucher können Themen wie Treibhauseffekt, Wahl der Lebensmittel, Produktionsaufwand und Transport erfassen, ohne lange Texte und komplizierte Diagramme entziffern zu müssen. Schulen und andere Bildungsinstitutionen oder Organisationen können sich die Ausstellung ausleihen.

Die Klimagourmet-Woche, die jährlich Ende September stattfindet, weist mit vielen Events und Aktionen auf den Zusammenhang zwischen Klimaschutz und Ernährung hin. Frankfurter und Rhein-Mainer Bürgerinnen und Bürger sind eingeladen, leckere vegetarische oder vegane Gerichte auszuprobieren und einen Blick dafür zu bekommen, was sie essen. Neben diesen Angeboten gibt es auf der Website von klimagourmet.de vieles zu entdecken, wie den Rhein-Main-Guide für nachhaltige Küche und Klimagourmet-Kochkurse, Klimagourmet-Partner und vieles mehr.

Gesünder essen und genießen

Gemeinsam Gutes tun: Solidarische Landwirtschaft

Im Supermarkt erwartet uns zu jeder Tageszeit eine prall gefüllte Obst- und Gemüseabteilung, die uns das ganze Jahr über Zucchini, Blattsalat und Bananen bieten soll. Wer sich daran stört, der könnte sich für das Thema Solidarische Landwirtschaft (Solawi) interessieren. Man bezahlt einen bestimmten Preis und unterstützt den Landwirt dabei, seine Felder ökologisch zu bewirtschaften. Die Teilnehmer können die Produkte wöchentlich in einem zentralen Depot abholen.
In Frankfurt kooperiert die Solawi u.a. mit dem Birkenhof in Egelsbach (birkenhof-egelsbach.de). Mehr Informationen zur verantwortungsbewussten, ökologischen und saisonalen Gemüselieferung finden Sie unter solawi-frankfurt-main.de.

Lassen Sie den Hahn krähen

Warum in den Laden laufen, wenn das Gute fließt so nah? Sparen Sie sich das Kistenschleppen, vermindern Sie die Plastikflut und tragen Sie zu weniger Lkw-Verkehr bei. Wie? Indem Sie Leitungswasser statt Flaschenwasser trinken. Das Trinkwasser in Frankfurt hat beste Qualität – und kommt zuverlässig und jederzeit zu Ihnen nach Hause – und mit einem Wassersprudler bekommt es ein herrliches Kribbeln.
Sie möchten noch mehr über das Frankfurter Trinkwasser erfahren? Seit Juli 2017 gibt es auf Initiative der Mainova im Wasserpark Friedberger Landstraße einen Wasserlehrpfad, der an neun Stationen interaktiv und spielerisch spannende Fakten zum Wasser vermittelt.
Übrigens: Unterwegs können Sie kostenloses und frisches Frankfurter Trinkwasser an den öffentlichen Trinkbrunnen im Wasserpark Friedberger Landstraße und in der Frankfurter Innenstadt in der Freßgasse und auf der Liebfrauenstraße Ecke Zeil genießen.

Beispiel
Ein Liter Leitungswasser statt Mineralwasser pro Tag spart im Jahr:

Ersparnis
CO_2 30 kg
70 €

Bewusster leben und konsumieren

Im Gespräch mit Renate Schnur-Herrmann, Schulleiterin der Bonifatiusschule in Frankfurt

Wie setzt sich Ihre Schule für Klimaschutz ein?

Die Bonifatiusschule ist mehrfach als Umweltschule zertifiziert worden und nimmt am „Schuljahr der Nachhaltigkeit" teil. Hier lernen unsere Schülerinnen und Schüler, sich aktiv für eine sozial gerechte, ökologisch verträgliche Umwelt einzusetzen. Wir verwenden ausschließlich recyceltes Papier, wir trennen Müll und das Schulfrühstück darf nur in wiederverwendbaren Brotdosen und Trinkflaschen mitgebracht werden.

Die Bonifatiusschule setzt einen Schwerpunkt auf den Bereich „Gesunde Ernährung": Täglich wird in der Frühstückspause saisonales und regionales Bio-Obst verteilt und auch unsere Caterer verwenden nur Bioprodukte. Wir bieten AGs und Erfahrungen in unserem Schulgarten an; das alles flankiert von Kochkursen, Besuchen auf Streuobstwiesen und Lernbauernhöfen. Hier versprechen wir uns, dass wir einerseits unsere Kinder in ihrer Wachstumsphase mit gesunden Lebensmitteln unterstützen, andererseits aber auch unseren Kindern und auch den Eltern Anregungen für gut schmeckende Lebensmittel zu geben.

Wo macht Klimaschutz auch Spaß?

Zum Beispiel ist selbst gemachter Schokoladen-Brotaufstrich aus fair gehandelten Zutaten besonders lecker, lässt sich variieren und gibt das gute Gefühl, einen kleinen sozialen Beitrag für die Kleinbauern in Mittelamerika, die in diesem Fall für ihre Produkte gerecht entlohnt werden, zu leisten. Außerdem ermöglichen wir innerhalb einer Fahrrad-AG den Schülerinnen und Schülern, die noch nicht Fahrrad fahren können, es bei uns zu lernen und ermutigen sie, Wege zu Fuß oder wenn sie älter sind, auch mit dem Rad zurückzulegen.

Bewusster leben und konsumieren

Um unbeschwert und trotzdem klimabewusst zu konsumieren, muss man kein ausgefuchstes Organisationstalent sein und Tabellen von CO_2-Emissionswerten im Kopf haben. Klimafreundlicher Konsum ist für den Einzelnen kinderleicht: Schauen Sie beim nächsten Einkauf doch mal in den Secondhandshop um die Ecke oder bringen Sie den kaputten Fernseher zum Repair-Café. Oder Sie legen beim Upcycling selbst Hand an nicht mehr Gebrauchtes an und schaffen neue Schätze ohne einzukaufen – es ist nämlich schon genug da! Viele weitere Ideen, wie Sie bewusster leben und konsumieren, finden Sie hier.

Wirtschaften für das Gemeinwohl

Kennen Sie schon das Prinzip der Gemeinwohlbilanz? Die Gemeinwohlbilanz bewertet Unternehmenserfolg danach, ob bestimmte nachhaltige und soziale Kriterien eingehalten und gefördert werden. Nicht der Geldgewinn ist das Ziel, sondern die Mehrung des Gemeinwohls. Schon über 400 Unternehmen, Bildungseinrichtungen und Gemeinden haben ihren Erfolg nach Gemeinwohl-Kriterien bilanziert und sind Vorreiter einer zukunftsfähigen Welt. Eine Auflistung finden Sie hier: ecogood.org

Faires Frankfurt

Faire Lebensmittel

In vielen Ländern der Welt sind Menschen nicht vor ausbeuterischer und gefährlicher Arbeit geschützt. Wenn Sie Kaffee und andere importierte Waren aus Fairem Handel kaufen, setzen Sie sich für kleinbäuerliche Produzenten ein. Aber Augen auf: Die Siegel „Fairtrade", „Naturland-Fair" und „fair for life" sowie die Marke GEPA garantieren faire Löhne und menschenwürdige Arbeitsbedingungen. Frankfurt ist seit 2011 offizielle Fairtrade-Stadt und hat sogar eigene faire Produkte: Die Faire Stadtschokolade sowie MainKaffee und MainPresso. Den MainKaffee und MainPresso erhalten Sie nicht nur im Weltladen Bornheim, sondern auch im Weltladen Seckbach (Wilhelmshöherstraße 158), im Weltladen Aktion Weltmarkt (Innenstadt und Westend), im BioMarkt Picard (Rödelheim), bei Karotte Naturmarkt (Eschersheim), in der Buchhandlung Carolus (Innenstadt, Vilbeler Straße 36), bei Blumen-Hecktor (Unterliederbach), in den sieben Frankfurter Filialen von Reformhaus Freya, und schließlich bei vielen der Fairhandels-Verkäufe in den Frankfurter Kirchengemeinden. Eine Sonderröstung gibt es auch bei Wacker's Kaffee.

Bewusster leben und konsumieren

Faire Finanzen

Wie kann „Banking" in einer Finanz- und Bankenmetropole wie Frankfurt fair gestaltet werden? Das 2014 durch Oikocredit, Triodos, GLS Bank und die Evangelischen Bank gegründete Fair Finance Network Frankfurt gestaltet jährlich die Fair Finance Week, um Antworten auf diese Fragen zu entwickeln und Geld und Wirtschaftskraft in den Fokus nachhaltigen und fairen Handelns zu rücken: 13. bis 17. November 2017, fair-finance-frankfurt.de

Fairtrade-Schools

Fairer Handel ist auch in Schulen ein Thema, z.B. beim Pausenverkauf oder beim Mittagessen im Hort. Auch im Unterricht bieten sich viele Anknüpfungspunkte, um sich mit den Schülerinnen und Schülern mit Fairem Handel und einer lebenswerten und gerechten Welt auseinanderzusetzen. Die Kampagne „Fairtrade-Schools" bietet Schulen die Möglichkeit, ihr Engagement nach außen zu tragen und zeichnet die Schulen aus, die bestimmte Kriterien erfüllen. In Frankfurt ist bisher eine Schule mit dabei: blog.fairtrade-schools.de

Bewusster leben und konsumieren

Im Gespräch mit Sabine Wolters, BUNDjugend Hessen

Globalisierungskritischer Stadtrundgang Frankfurt

Wie kann man sich einen globalisierungskritischen Rundgang vorstellen?

Der globalisierungskritische Stadtrundgang zeigt die Kehrseite unseres Konsums von Gütern aus aller Welt exemplarisch an einzelnen Produkten wie Jeans, Turnschuh, Handy oder Burger auf. Bei einem zweistündigen Spaziergang über die Zeil machen wir Station vor verschiedenen Läden. Interaktiv werden die Produktionsbedingungen und ihre Auswirkungen auf die Umwelt sowie die Arbeitsbedingungen mit den Teilnehmerinnen und Teilnehmern erarbeitet. Bei der «Weltreise einer Jeans» untersuchen die Teilnehmenden die Produktionsschritte der Hose und verorten diese auf einer Weltkarte. Die Jeans hat bis zum Verkauf im Laden etwa 42.000 km zurückgelegt, nur um die Produktionskosten möglichst gering zu halten. Gemeinsam überlegen wir, was man als Konsumentin oder Konsument tun kann und welche Alternativen es gibt. Endstation ist der Weltladen in der Alten Gasse, wo wir den fairen Handel am Beispiel der Schokolade erklären.

Bewusster leben und konsumieren

Wie seid ihr auf die Idee gekommen, den Rundgang ins Leben zu rufen?

Die Idee zu den Führungen wurde bereits 2005 von den Teilnehmenden am Freiwilligen Ökologischen Jahr der Jugendumweltverbände (JANUN) in Hannover entwickelt. Sie haben die ersten Stationen ausgearbeitet und Führungen für Schulklassen in Hannover durchgeführt. Dies haben wir uns zum Vorbild genommen und in einer Kooperation von Naturfreundejugend Hessen, BUNDjugend Hessen und Attac die Stationen für Frankfurt weiterentwickelt, Fortbildungen für Pädagoginnen und Pädagogen angeboten etc. Mittlerweile bietet Attac einen eigenen, finanzkritischen Stadtrundgang in Frankfurt an. Da unsere Führungen sowohl Aspekte des Umweltschutzes behandeln wie auch soziale und entwicklungspolitische Probleme aufzeigen, kooperieren wir mit den Weltläden (hier der Weltladen in der Alten Gasse) und mit dem entwicklungspolitischen Netzwerk (EPN) Hessen.

Wie oft findet der Rundgang statt und wie kann ich mich anmelden?

Im Moment bieten wir nur selten offene Führungen, sondern zumeist Führungen in Kooperation mit anderen Trägern an. Von daher lohnt es sich, in Frankfurter Veranstaltungskalendern Ausschau nach unseren Führungen zu halten oder einfach einen individuellen Termin anzufragen. Am einfachsten geht das unter: www.stadtrundgang-frankfurt.de oder telefonisch unter 069 67737630. Außerdem suchen wir immer weitere Referentinnen und Referenten, die Lust haben, Führungen zu übernehmen.

Die Führungen kosten 3 Euro pro Person, mindestens nehmen wir 45 Euro pro Führung. Wir freuen uns über Interessierte!

Konsum-Check

Wir alle konsumieren, verbrauchen und kaufen Tag für Tag: Lebensmittel, Kleidung, Dienstleistungen, Luxusartikel usw. Oft ist es gar nicht so leicht, schnell zu entscheiden, ob wir es wirklich brauchen oder aus einem anderen Grund haben wollen und vor allem, welche Folgen unser Kauf für die Welt hat. Der Konsum-Check (siehe auch wir-ernten-was-wir-saeen.de/konsum-check) mit sechs Fragen kann Ihnen die Entscheidung erleichtern:

- **1.** Brauch ich es wirklich?
- **2.** Kann ich es reparieren?
- **3.** Kann ich es leihen, mieten oder gebraucht kaufen?
- **4.** Entsorgung mitgedacht?
- **5.** Konsumiere ich bewusst?
- **6.** Kann ich kompensieren?

Repair Cafés

In den Repair Cafés in Frankfurt bekommt man in angenehmer Café-Atmosphäre kostenlos Hilfe bei der Reparatur von kaputten Haushaltsgegenständen. Das Ziel besteht darin, die Nutzungsdauer von Gebrauchsgütern zu verlängern, dadurch Müll zu vermeiden, Ressourcen zu sparen und nachhaltige Lebensweisen in der Praxis zu erproben. Wann und wo ein Repair Café stattfindet, erfährt man unter repaircafefrankfurt.de.

Aus Alt wird Neu: Einkaufen aus zweiter Hand

Flohmärkte und Secondhandshops sind voller Schätze, günstig und obendrein gut fürs Klima. Denn für gebrauchte Waren müssen weder Rohstoffe noch Energie eingesetzt werden. Der große Frankfurter Flohmarkt findet samstags von 9-14 Uhr statt – wöchentlich wechselnd am Osthafenplatz und am südlichen Mainufer (Schaumainkai) zwischen Eisernem Steg und Holbeinsteg.

Auch das Fundbüro Frankfurt in der Kleyerstraße 86 ist eine wahre Schatzkiste: nach Ablauf einer Frist werden in unregelmäßigen Abständen vergessene Sachen öffentlich versteigert. Sobald die Termine einer Versteigerung feststehen, finden Sie Informationen auf frankfurt.de, Suchbegriff „Fundbüro Versteigerung". Schnäppchenjäger werden auch bei der VGF fündig: Skurriles und Alltägliches, was in den Bussen und Bahnen liegen geblieben ist, kommt alle zwei Monate freitags um 15 Uhr im Straßenbahnbetriebshof Eckenheim unter den Hammer – selbstverständlich erst nach einer dreimonatigen Frist. Weitere Informationen unter vgf-ffm.de, Suchbegriff „Fundbüro".

Bewusster leben und konsumieren

Recyclingzentrum

Gebrauchte Elektrogeräte – vom Computer bis zur Waschmaschine können Sie im Recyclingzentrum der GWR GmbH abgeben – und das kostenlos. Das Recyclingzentrum prüft die Geräte eingehend und sucht die aus, die wieder instand gesetzt oder aus welchen Ersatzteile gewonnen werden können. Die übrigen Geräte werden in Handarbeit demontiert, um Rohstoffe zurückzugewinnen. Die aufgearbeiteten Geräte können z. B. mit einem Jahr Garantie über das Secondhandwarenhaus Neufundland erworben werden. Mehr Informationen unter recyclingzentrum-frankfurt.de.

Clever investieren und die Welt retten

Auch mit wenig Geld Gutes tun: In Frankfurt gibt es die erste Crowdinvesting-Plattform, auf der man in Energieeffizienzprojekte von Unternehmen, Sozialträgern, Vereinen und Kommunen investieren kann und dafür an den erzielten Einsparungen beteiligt wird. Mehr Informationen unter bettervest.de. Auch durch Aktien der Bürger AG können Sie sich an sinnvollen Projekten in der Region beteiligen. Die Bürger AG will die soziale und umweltverträgliche Bio-Branche in der Region Frankfurt Rhein-Main weiterbringen und beteiligt sich an Höfen und Betrieben in einem Radius von 150 Kilometern. Weitere Informationen unter buerger-ag-frm.de.

Bewusster leben und konsumieren

Das „Schuljahr der Nachhaltigkeit":
Ein Leuchtturm in der Frankfurter Bildungslandschaft

Warum steigt der Meeresspiegel, wenn das Eis am Südpol schmilzt? Woher kommt der Kakao in der Schokolade? Was passiert mit dem Abfall in den städtischen Mülltonnen? Die Gestaltung einer zukunftsfähigen Entwicklung in einer globalisierten Welt stellt uns vor neue Herausforderungen – Bildung für nachhaltige Entwicklung hat hierbei eine zentrale Bedeutung. Vor diesem Hintergrund wurde in Frankfurt das Leuchtturmprojekt Schuljahr der Nachhaltigkeit (SdN) entwickelt. Das „Schuljahr der Nachhaltigkeit" ist ein innovatives Bildungsprogramm, in dem der Verein Umweltlernen in Frankfurt mit ausgewählten Frankfurter Grundschulen eine langfristige Kooperation eingeht. Entwickelt wird eine Bildungspartnerschaft, in der außerschulische Angebote mit dem schulischen Unterricht eng verzahnt angeboten werden. Über ein Jahr hinweg behandeln die Klassen lebensnah Module zu Themen wie Klimaschutz, Energie, Recycling, Fairer Handel, Ernährung und Mobilität.
Weitere Informationen erhalten Sie bei Mareike Beiersdorf (Umweltlernen in Frankfurt e.V.) unter 069 212 46562 oder unter
bne-frankfurt.de/angebote/schuljahr-der-nachhaltigkeit.

Bewusster leben und konsumieren

Transition Town und Shout out Loud

Wie können Menschen nachhaltig leben, regionale Netzwerke und Nachbarschaften stärken und sich mit erneuerbaren Energien weitgehend selbst versorgen? Antworten liefert die weltweite Transition Town-Bewegung, die von dem englischen Städtchen Totnes aus die Welt erobert und verändert. Auch in Frankfurt gibt es eine lokale Transition Town-Initiative: transition-town-frankfurt.de
Auch der Frankfurter Verein Shout out Loud setzt sich für Nachhaltigkeit ein und entwickelt öffentlichkeitswirksame Aktionen und lokale Projektideen zu Plastikmüll, Essensverschwendung und interkultureller Begegnung. Auch ein Foodtruck und Catering mit übrig gebliebenen Lebensmitteln ist in Planung. Unter shoutoutloud.eu können Sie sich informieren und vielleicht beim nächsten Termin auch selbst aktiv werden?

Lust auf besser leben in FFM

Was passiert in der Nachhaltigkeitsszene in Frankfurt? Wo kann ich in meinem Viertel meine Schuhe reparieren lassen? Einen umfangreichen und informativen Blog zum nachhaltigen Leben in Frankfurt mit aktuellem Veranstaltungskalender finden Sie unter frankfurt.lustaufbesserleben.de. Viele nachhaltige Angebote in Frankfurt finden Sie auch im Agenda-Stadtplan – erhältlich über das Umwelttelefon (069 21239100) und beim Umweltforum Rhein-Main e.V.: umweltforum-rhein-main.de.

Plastic Planet

Weltweit werden pro Jahr rund eine Billion Plastiktüten verbraucht und auch in Deutschland nutzt jede Einwohnerin und jeder Einwohner noch ungefähr 71 (neue) Plastiktüten. Deswegen sollen Plastiktüten bundesweit nur noch gegen eine Gebühr im Laden ausgegeben werden. Denn dramatisch sind die Auswirkungen von Plastik in der Umwelt: Selbst hauchdünne Tüten verweilen bis zu 400 Jahre in der Umwelt und zerfallen in winzige Teilchen, die sich in den Meeren anreichern und von Meerestieren oder Vögeln für Nahrung gehalten werden. Versuchen Sie daher so oft es geht, auf Plastiktüten oder -verpackungen zu verzichten. In Frankfurt in der Berger Straße können Sie seit 2017 bei gramm.genau alle Ihre Lebensmittel in mitgebrachte Gefäße abfüllen und dort langlebige Behältnisse erwerben (MainGemüse, Berger Straße 26, 60316 Frankfurt). Und bald gibt es auf der Berger Straße noch eine Premiere: Es werden zehn Taschenstationen aufgestellt, wo sich Passantinnen und Passanten kostenlos Jutebeutel mitnehmen können, damit sie beim spontanen Einkauf nicht zur Plastiktüte greifen müssen.

Beispiel
Ein Jahr lang ohne Plastiktüten einkaufen:

Bewusster leben und konsumieren

Eine Übersicht nachhaltiger, kostenloser Apps für Ihr Smartphone!

Codecheck
Mit Codecheck fällt es noch leichter, gesunde und nachhaltige Produkte zu konsumieren. Außerdem gibt es viele interessante Artikel zu einem nachhaltigeren Lebensstil.

NABU Siegel-Check
So behalten Sie den Durchblick in Sachen Siegel. Die App zeigt Ihnen, ob Lebensmittel ökologisch zu empfehlen sind, und gibt kurze Erklärungen zu verschiedenen Labels und Siegeln.

Greenpeace Fischratgeber
Die Fischratgeber-App zeigt Ihnen an, welche Fische Sie trotz Überfischung der Meere noch guten Gewissens kaufen können.

Too Good to Go
Diese App bietet eine super Methode gegen Lebensmittelverschwendung: Für wenig Geld können Sie am Abend Lebensmittel in Bäckereien und Restaurants kaufen und diese somit vor der Entsorgung nach Ladenschluss bewahren.

Fair Fashion?-App
Wer bei Kleidung Wert auf soziale und ökologische Kriterien legt, kann sich bei Fair Fashion? über Hersteller und Produktionsbedingungen informieren.

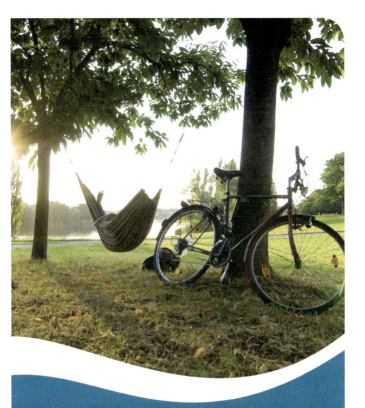

Nachhaltig unterwegs im Alltag und auf Reisen

Im Gespräch mit Jürgen Blum,
Umweltlernen in Frankfurt e.V.

Wie setzt sich das Projekt ‚Bike im Trend' für Klimaschutz ein?
Im Projekt ‚Bike im Trend' werden gemeinsam mit Schülerinnen und Schülern Routen für den Schulweg mit dem Rad untersucht. Dabei wird neben einer erhöhten Sicherheit des Schulweges für mit dem Rad fahrende Schülerinnen und Schüler auch das Ziel verfolgt, die Attraktivität des Fahrrades für die eigene Mobilität zu steigern. So können die Kinder hautnah erleben, dass das Fahrrad eine ernstzunehmende Alternative für die Schul- aber auch Freizeitwege sein kann. Als Ergebnis stehen inzwischen neun Schulwegpläne für Radfahrerinnen und Radfahrer in gedruckter Form zur Verfügung. Diese können auch unter www.umweltlernen-frankfurt.de/BIT/ abgerufen werden.

Warum setzt das Projekt in Schulen an?
Gerade bei Schülerinnen und Schülern sollte frühzeitig das Fahrrad als flexibles, kostengünstiges und umweltfreundliches Verkehrsmittel ins Bewusstsein gerückt werden. Dabei ist es wichtig zu zeigen, dass Radfahren Spaß macht, fit hält und einen aktiven Beitrag zum Klimaschutz leistet – und damit auch ein Stück die Lebensqualität verbessert.

Nachhaltig unterwegs im Alltag und auf Reisen

Klimaschonend und trotzdem flexibel unterwegs sein ist für Sie ein Gegensatz? Dann lassen Sie sich von unseren Tipps überraschen. Schnell, individuell und kostengünstig mobil sein schließt sich nicht unbedingt mit klimabewusstem Verhalten aus. Es kommt darauf an, wie Sie Ihre Mobilität gestalten – egal ob Sie mit dem Fahrrad fahren, Ihr Auto mit den Nachbarn teilen oder den CO_2-Verbrauch Ihrer Flugreise ausgleichen.

Und jetzt rauf auf's Fahrrad gemäß dem Sinnspruch: Für den Klimaschutz müssen wir das Rad nicht neu erfinden, nur öfter nutzen! Rolling, rolling, rolling ....

Radfahrportal – Dreh- und Angelpunkt

Alles Wichtige und Hilfreiche rund ums Radfahren in Frankfurt am Main finden Sie auf dem Radfahrportal radfahren-ffm.de. Sie erreichen über das Portal auch die Meldeplattform Radverkehr (meldeplattform-radverkehr.de), auf der Sie Stellen benennen können, an denen das Radfahren nur eingeschränkt möglich ist. Am besten fügen Sie Ihrer Meldung Fotos bei, denn diese sprechen häufig für sich und beschleunigen meist die Bearbeitung.

Frankfurt per Tandem

Wenn Sie mal eben schnell ein Rad brauchen: In Frankfurt stehen an fast jeder Ecke Leihräder. Neben den auffälligen Call-a-Bike-Rädern der Deutschen Bahn gehören auch die Räder von nextbike zum Stadtbild: callabike-interaktiv.de, nextbike.de. Sie möchten Frankfurt einen Tag per Tandem erkunden? Dann werden Sie hier fündig: fahrradstation-frankfurt.de. Zahlreiche weitere Fahrradleihmöglichkeiten finden Sie beim ADFC: adfc-frankfurt.de.

Lastentransport mit Muskelkraft

Sie müssen den Großeinkauf für das Wochenende erledigen? Oder mehrere Kartons mit Altglas zum Container fahren? Dann leihen Sie sich einfach das Mate-Mobil aus, das kostenlose Lastenfahrrad für Frankfurt-Bockenheim. Einfach unter matemobil.gutehaende.net registrieren, das gewünschte Datum auswählen und das Mate-Mobil dann abholen. Es gibt sogar eine mobile Küche mit zwei Gaskochfeldern und Waschbecken zu leihen, falls Sie ein größeres Picknick im Park planen. Unter ebakfiets.de können Sie sich auch Lastenräder mit Elektro-Antrieb ausleihen. Und wenn Sie nicht selbst strampeln möchten, dann beauftragen Sie doch einfach den mobilen Fahrrad-Lieferdienst sachenaufraedern.de.

Rad kaputt? Kein Problem!

Das kennt jeder Radler: Hin und wieder geht dem Fahrradreifen plötzlich die Luft aus. Gut, wenn es in der Nähe schnelle und unkomplizierte Hilfe gibt. Damit Sie Ihr Rad wieder startklar machen können, stellen Ihnen die Service-Partner des Frankfurter Radfahrbüros kostenlos Standluftpumpen, Flicken und Werkzeug zur Verfügung. Teilnehmende Partner im Service-Netzwerk erkennen Sie an der Service-Plakette. Ihre Pannenhelfer in Frankfurt finden Sie unter radfahren-ffm.de. Bei Ihrem Fahrrad liegt eine größere Reparatur an? Dann können Sie in „Hilfe zur Selbsthilfe"- Fahrradreparaturwerkstätten des ADFC Frankfurt unter Anleitung lernen, wie es geht. Informationen und Termine unter adfc-frankfurt.de.

Critical Mass

Die politische Fahrradaktion Critical Mass macht sich für Radfahrende auf Frankfurts Hauptstraßen stark. Die Aktivistinnen und Aktivisten fordern, den Radverkehr als nachhaltiges und zukunftsorientiertes Transportmittel ernst zu nehmen. Jeden ersten Sonntag im Monat um 14 Uhr sowie am darauffolgenden Freitagabend um 19 Uhr treffen sich die Radfahrerinnen und Radfahrer an der Alten Oper, um gemeinsam mitten durch die Stadt zu fahren, wo sonst der Autoverkehr tobt. Aktuelle Infos und Treffpunkte unter: critical-mass-frankfurt.de.

Carsharing Frankfurt

Im Durchschnitt ist das Auto 23 Stunden am Tag kein Fahr-, sondern ein Stehzeug. Viel Geld für eine Anschaffung, die dann meist auf dem Parkplatz steht und dort städtischen Raum verschwendet. Trotzdem ist natürlich ab und zu ein Auto ganz praktisch. Carsharing kann hier eine gute Lösung sein. Verschiedene Anbieter wie Car2go, DriveNow oder Flinkster sowie die regionalen Anbieter book-n-drive oder stadtmobil bieten Autos in verschiedenen Größen und attraktiven Preisen an. Bei regelmäßiger Nutzung lohnt sich vielleicht eher eine Mitgliedschaft wie bei Stadtmobil als eine spontane Buchung wie bei DriveNow – hier kommt es ganz auf Ihre individuellen Mobilitäts-Bedürfnisse an. Auch ewiges Parkplatzsuchen fällt bei einigen Carsharing-Anbietern weg, da es eigens reservierte Parkplätze gibt.

Beispiel
Carsharing nutzen statt eigenes Auto besitzen (bei 9500 km im Jahr) spart im Jahr:

Ersparnis
CO_2 300 kg
150 €

Mobilität aus der Steckdose

Sprit fürs Auto wird immer teurer werden. Deshalb sind Elektromotoren der Antrieb der Zukunft. Die Anschaffung eines Elektroautos schlägt zwar stärker zu Buche als die eines herkömmlichen Wagens, dafür ist aber das Fahren wesentlich billiger und – wenn Ökostrom genutzt wird – auch erheblich besser für das Klima. Aufladen kann man zu Hause und an öffentlichen Ladestationen. Die Mainova, lokaler Energieversorger Frankfurts, fördert den Kauf von Elektrofahrzeugen. Aktuelle Informationen unter: mainova.de/klimapartner oder mobil-mit-e.de.

Zusammen fährt man weniger allein!

Fahren Sie mit anderen mit. Unter der Adresse flinc.org oder frankfurt.pendlerportal.de finden Sie Mitfahrgelegenheiten zur Arbeit oder anderswohin. Oder Sie haben ein Auto, aber wenig Verwendung dafür? Teilen Sie es doch mit Menschen aus Ihrer Nachbarschaft! Das private Carsharing bringt Ihnen zusätzliche Einnahmen und vielleicht sogar gute Gespräche. Auch das Klima freut sich, wenn sich mehrere Personen ein Fahrzeug teilen und so dessen Auslastung verbessern. Muster-Verträge gibt es im Internet unter vcd.org > Themen > Auto und Umwelt. Oder stellen Sie Ihr Angebot bei drivy.de oder tamyca.de ein.

Nachhaltig unterwegs im Alltag und auf Reisen

Im Gespräch mit Claudia Schury, Klima-Bündnis

Projekt Kindermeilen
Schritt für Schritt in eine klimafreundliche Zukunft

1) Was ist die Kindermeilen-Kampagne des Klima-Bündnisses?
Schon seit 2002 zeigen mit ihr die Kleinen den Großen, wie es geht: nicht nur übers Klima reden, sondern es einfach aktiv selbst schützen. Weit über 150.000 Kinder im Alter von 4 bis 12 Jahren sind jedes Jahr dabei, setzen sich mit viel Spaß und Bewegung mit ihrer eigenen Mobilität auseinander und untersuchen, was Ernährung und Energieverbrauch mit Klimaschutz zu tun haben.
Mit all diesen Aktivitäten sammeln sie Grüne Meilen für eine symbolische Klimareise um die Eine Welt, die auf der UN-Klimakonferenz endet. Dort überreicht das Klima-Bündnis zum Jahresende die in ganz

Nachhaltig unterwegs im Alltag und auf Reisen

Europa zusammengetragenen Meilen zusammen mit den Wünschen und Forderungen der Kinder an die Politiker. Damit unterstreichen wir, was die Kinder schon längst verstanden haben: Jetzt handeln, nicht mehr verhandeln!

2) Warum setzt die Kampagne gerade bei Kindern an?

Der Klimawandel wird die Kinder mehr treffen als uns, deshalb halten wir es für wichtig, sie frühzeitig in den Klimaschutz mit einzubeziehen und ihnen Gehör zu verschaffen. In Sachen Klimaschutz sind sie oft bessere Vorbilder als wir Erwachsene. Und wenn sie von etwas überzeugt sind, dann setzen sie sich mit viel Freude und Engagement dafür ein.

3) Wie kann ich als (Frankfurter) Familie teilnehmen?

Indem ich mich einfach unter kindermeilen@klimabuendnis.org anmelde und anfange mit meinen Kindern Grüne Meilen für klimafreundliche Alltagswege zu sammeln.

Oder ich frage in der Kita oder Schule meiner Kinder nach, ob sie sich an der Aktion „Kleine Klimaschützer unterwegs!" beteiligen wollen, denn das gemeinsame Sammeln macht besonders viel Spaß und verdeutlicht zusätzlich, wie weit wir kommen, wenn wir uns alle zusammen mit kleinen Schritten auf den Weg machen.

Für die kleinen Klimaschützer gibt es Sammelalben mit Grüne Meilen-Stickern sowie Urkunden zur Dokumentation der Meilenzahl, für die großen Klimaschützer stehen unter kindermeilen.de alle Kampagnenmaterialien als Download zur Verfügung; darunter ein ausführliches Begleitheft mit zahlreichen Umsetzungs- und Spielideen für Sammelwochen in Kitas und Grundschulen. Die Materialien können über das Klima-Bündnis auch in gedruckter Form erworben werden.

Nachhaltig unterwegs im Alltag und auf Reisen

Grüne Fitness!

Jogging, Walking oder einfach Spazierengehen – Bewegung an der frischen Luft macht fit und gute Laune. Am Mainufer, in den Parks oder im Frankfurter Stadtwald gibt es zahlreiche schöne Strecken auf Naturwegen oder Asphalt. Die markierte Runde (5 und 10 km) im Stadtwald zwischen Oberrad und Sachsenhausen startet in Sachsenhausen am südlichen Ende des Hasselhorstwegs beim Försterhaus 1.
Oder Sie werden in den Fitnessanlagen im Huthpark oder im Volkspark Niddatal aktiv – alles kostenlose Fitnessstudios im Grünen im Schatten prächtiger Bäume.

Beispiel
Ein Jahr Sport im Park statt Fitnessstudio:

Ersparnis CO_2 150 kg

Nachhaltig unterwegs im Alltag und auf Reisen

Bike im Trend:
Mobil und sicher mit dem Rad zur Schule

Autos auf dem Fahrradweg, Einbahnstraßen und plötzlich endende Fahrradwege – vielfältige Hindernisse begegnen Schülerinnen und Schülern auf dem Weg zur Schule. Genau sie sind die Spezialisten für ihren Schulweg und können aus ihrem alltäglichen Erfahrungsbereich heraus kompetent Problemstellen aufdecken.
Im Projekt Bike im Trend werden mit Beteiligung von Schülerinnen und Schülern die Radrouten zur weiterführenden Schule untersucht und Verbesserungsvorschläge gemacht. Daraus erstellt die Stadt Frankfurt Schulwegpläne für Radfahrerinnen und Radfahrer mit empfohlenen Routen, gesicherten Übergängen und Gefahrenstellen, sodass Eltern, Schülerinnen und Schüler den sichersten Schulweg finden können.
Für weitere Informationen kontaktieren Sie Jürgen Blum (069 212 30130) oder die Website umweltlernen-frankfurt.de/BIT.

Klimafreundlich unterwegs sein

Kaum zu glauben, aber wahr: 13 Prozent aller CO_2-Emissionen, die in Deutschland entstehen, werden allein durch das Autofahren verursacht. Auch das Fliegen setzt gigantische Mengen an Treibhausgasen frei. Wochenendausflüge nach Paris und innerdeutsche Flüge verursachen vermutlich mehr Schaden als Nutzen. Überlegen Sie deshalb auf kürzeren Strecken, ob nicht die Bahn, Fernbusse oder Mitfahrgelegenheiten günstiger sind. Wenn Sie die Reisedauer der Entfernung anpassen, lohnt es sich. Sprich: Je weiter weg, desto länger der Aufenthalt. Wer möchte, kann die dabei entstandenen CO_2-Emissionen kompensieren. Die Emissionen werden so zwar nicht rückgängig gemacht, aber über einen Geldbetrag für Klimaschutzprojekte wird ein Ausgleich geschaffen. Vertrauenswürdige Anbieter sind beispielsweise arktik.de, atmosfair.de oder myclimate.org.

Beispiel
Ein Jahr Autofahren (Mittelklassewagen, 12.000 km) verursacht etwa 2 t CO_2.
Ausgleichsbeitrag: 56 Euro

Ein Flug von Frankfurt nach Palma de Mallorca und zurück verursacht 568 kg CO_2.
Ausgleichsbeitrag: 14 Euro

Grüner und schöner wohnen

Im Gespräch mit
Matthias Walter, Projektleiter
EnerIGS an der IGS Nordend

Was ist das Projekt EnerIGS?

Die IGS Nordend unterhält ein wöchentlich 4-stündig stattfindendes Umwelt-Projekt in Jahrgang 9 & 10 (Projekt EnergIGS), das beispielsweise einen Carrotmob mit Aktionen zur Umsatzsteigerung eines Ladens organisierte, der den Erlös in die Verbesserung der eigenen Umweltbilanz reinvestiert. In diesem Jahr fanden die ersten IGS-Umwelttage statt, bei denen zahlreiche Institutionen (bspw. Senckenberg-Museum, Greenpeace etc.) den Schülerinnen und Schülern in Workshops Umweltthemen näher brachten. Seit 2014 befindet sich die Schule dank EnergIGS auf dem Weg zur CO_2-Neutralität, indem das produzierte Kohlendioxid durch die Wiederaufforstung eines Regenwaldgebietes in Costa Rica kompensiert wird, finanziert mit Geldern, die EnergIGS durch Aktionen (z.B. Sponsorenlauf) auftreibt.

Was können Kinder im Alltag für den Klimaschutz tun?

Schülerinnen und Schüler können im Alltag entscheiden, ob sie/er lieber Treppen läuft statt den Fahrstuhl zu nehmen, sich bewusster ernährt, die Tragetasche von zu Hause mitnimmt, oder beispielsweise ob sie/er besser mit dem Fahrrad fährt, anstatt sich mit dem Auto fahren zu lassen.

Grüner und schöner wohnen

Zu Hause kann man richtig was tun für den Klimaschutz. Selbst auf einem noch so kleinen Balkon können Sie Blumen züchten, auf die die Bienen fliegen. Und auch alltägliche Handlungen wie Stoßlüften oder Waschen bei niedrigen Temperaturen können wirklich eine CO_2-Einsparung und auch Geldersparnis von mehreren Hundert Euro bewirken. Weitere Tipps und Tricks für den Klimaschutz ganz nebenbei finden Sie hier:

Grüne Energie aus der Steckdose!

Der effektivste Weg, Ihre persönliche Klimabilanz gleich tonnenweise aufzubessern, ist ganz einfach: Steigen Sie um auf Ökostrom. Strom aus regenerativen Quellen verursacht nahezu keine CO_2-Emissionen. Wechseln können Sie jederzeit. Und die Preise für Ökostrom sind mitunter sogar günstiger als die herkömmlicher Stromtarife. Achten Sie darauf, dass der Ökostrom zertifiziert ist – idealerweise mit dem Grüner-Strom-Label oder dem OK-Power-Label, oder vom TÜV Süd oder TÜV Nord – wie beispielsweise die Mainova bei ihrem Ökostrom-Tarif »Novanatur«. mainova.de/novanatur

Beispiel
Ein Jahr lang Strom vom Ökostromanbieter statt konventionellem Strom (3-Personen-Haushalt mit Verbrauch von 2.900 kWh im Jahr):

Ersparnis CO_2 820 kg

Grün gärtnern

Klimaschutz beginnt auf dem Fensterbrett. Achten Sie beim Kauf von Blumenerde darauf, dass sie keinen Torf enthält. Wer Blumenerde mit Torf verwendet, beteiligt sich unwissentlich an der Zerstörung von Mooren. Denn um Torf abbauen zu können, müssen tausende Jahre alte Moore trockengelegt werden. Dabei werden nicht nur Treibhausgase freigesetzt, auch wertvoller Lebensraum von gefährdeten und nur dort lebenden Tier- und Pflanzenarten geht verloren. Moore sind zudem ein wichtiger CO_2-Speicher: Sie binden mehr Treibhausgase als Wälder. Einen Einkaufsführer für umweltfreundliche Gartenerde hat der BUND zusammengestellt: bund.net, Suchbegriff „torffrei". Hochwertige Blumenerde aus Frankfurter Bioabfällen gibt es zum Beispiel unter dem Namen „Humerra Gartenkompost" bei der RMB Rhein-Main Biokompost GmbH: rmb-frankfurt.de.

Beispiel
100 Liter Blumenerde ohne Torf statt Erde mit Torf:

Ersparnis CO_2 228 kg

Im Gespräch mit Katja Bühring-Uhle, Umweltlernen in Frankfurt e. V.

Das Kita-Sonnenfest

Was ist das Kita-Sonnenfest?
In diesem Jahr richtet Umweltlernen in Frankfurt e. V. mit dem Energiereferat und dem Netzwerk „Nachhaltigkeit lernen Kita Rhein-Main" zum 10. Mal das Sonnenfest für Kindertagesstätten mit ca. 200 Kindern aus. Die Kinder durchlaufen 13 Stationen zum Thema „Sonne und Solarenergie", bauen Sonnenuhren und stellen mit einem Solarkocher Popcorn her. Mit kleinen Solarautos durchfahren sie einen Parcours und bauen solarbetriebene Karussells. Der Höhepunkt der Veranstaltung ist das große Solarbootsrennen. An diesem Vormittag erleben die Kinder auf ganz verschiedenen Ebenen, wie gut man die Energie der Sonne nutzen kann. Hier wird Nachhaltigkeit spielerisch sichtbar.

Sind Solarenergie und Nachhaltigkeit nicht schwer begreifbare Themen für Kita-Kinder?
Nein, ganz im Gegenteil! In diesem Alter werden viele Fragen gestellt. Es wird ausprobiert, diskutiert und gemeinsam geforscht. Es gibt viele Anknüpfungspunkte im Kita-Alltag, Nachhaltigkeit zu leben, wie zum Beispiel Energie sparen, Abfallvermeidung oder Umweltschutz. Kinder suchen und finden in ihrer eigenen Lebenswelt Handlungsoptionen und nehmen sich dadurch als Zukunfts-Gestalterinnen und Gestalter wahr.

Grüner und schöner wohnen

Frankfurt summt

Selbst imkern

Bienen sind nicht nur schön anzuschauen, sondern durch ihre Bestäubungsleistung auch das wichtigste Nutztier des Menschen. Zum Glück ist das alte Imkerhandwerk mittlerweile wieder so beliebt, dass in Frankfurt von über 100 Imkerinnen und Imkern mehr als 700 Bienenvölker unterhalten werden. Selbst auf dem Dach des Museums für Moderne Kunst und auf einem Frankfurter Kirchturm stehen Bienenstöcke. Wer Lust hat, selbst aktiv zu werden, kann sich beim Frankfurter Imkerverband für einen Kurs einschreiben. Infos dazu gibt es unter frankfurter-imker.de. Auch die Seite Stadtbienen bietet Kurse in Frankfurt an: stadtbienen.org. Eine Anleitung für den Bau von bienenfreundlichen Behausungen finden Sie für die Bienenkiste unter bienenkiste.de und für die BienenBox unter stadtbienen.org.

Bienen & Bildung

Die Frankfurter Initiative Bienenretter e.V. bietet regelmäßig Veranstaltungen und Führungen für Kinder und Erwachsene im eigenen Bienenretter-Garten an (Sachsenhäuser Landwehrweg 317, 60598 Frankfurt am Main, bienenretter.de). Auch der Imkerverein führt nicht nur regelmäßige Veranstaltungen, Stammtische und Lehrfahrten zu besonderen Imkerthemen durch, sondern hat seit 2016 auch eine Jugendgruppe für bienen- und naturbegeisterte Jugendliche zwischen 10 und 14 Jahren: frankfurter-imker.de

Bienenschmaus

Wer auf seinem Balkon oder Garten selbst bienenfreundliche Pflanzen ziehen möchte, ist mit europäischen Pflanzen wie Wiesensalbei, Kornblume und Echter Salbei gut beraten. Auch Ranken-Glockenblume, Blaukissen, Zitronen-Thymian, Lavendel oder Bohnenkraut sind ein Bienenschmaus. Mehr zu dem Thema finden Sie beim Bund Naturschutz: bund-naturschutz.de/oekologisch-leben/garten/bienen.html

Grünes Lernen
Schulgärten in Frankfurt

Schulgärten sind besondere Erfahrungsräume für alle Sinne – bei der Arbeit im Beet, mit dem Blick auf Farben, Blüten und Blätter, im Duft der Kräuter. Dabei sind Gärten nicht nur Orte der Arbeit mit Schaufel und Spaten, der Pflege oder Ernte. Sie sind auch Räume für Begegnung, Spiel und Austausch. Es entsteht ein Rückzugsraum in einer von der Natur belebten Atmosphäre. Vielfach wird der Schulgarten auch als „Grünes Klassenzimmer" genutzt. Hier bietet sich für Unterricht und Diskussion eine anregende Umgebung außerhalb des gewohnten Klassenraums. Und die Ernte der selbst angebauten Pflanzen laden zum gemeinsamen Kochen und zur Auseinandersetzung mit gesunder Ernährung und Herkunft unserer Lebensmittel ein. Viele Kinder haben zu Hause keinen Garten und kommen durch den Schulgarten erstmals mit der Gartenarbeit, der Verantwortung für Pflanzen sowie der Pflege und Ernte von Lebensmitteln in Berührung.

Wenn Ihre Schule oder Kindertagesstätte auch einen Garten anlegen möchte, können Sie sich an Umweltlernen Frankfurt e.V. wenden. Hier erhalten Sie professionelle Beratung und Planungshilfe, Anleitung für Werkstatt-Tage, Werkzeuge und Materialien für die Integration des Gartens in den Unterricht. Auch für Informationen zur Finanzierung steht Umweltlernen beratend zur Seite: umweltlernen-frankfurt.de. Weitere hilfreiche Ansprechpartner für die Gründung von Schulgärten sind das Stadtschulamt, das Grünflächenamt und das Umweltamt der Stadt Frankfurt.

Und auch wer keine ausladenden Freiflächen für einen Schulgarten zur Verfügung hat, kann trotzdem ernten: Egal, ob Hochbeete am Rand des Sportplatzes, im Innenhof oder in Kooperation mit benachbarten Institutionen – eine Möglichkeit zur Gartenarbeit findet sich fast immer. Die Frankfurter Integrierte Gesamtschule Nordend in Kooperation mit dem Grünflächenamt hat z.B. aus Platzmangel einen Teil des Günthersburgparks bepflanzt. Auch das Start-up „GemüseAckerdemie" unterstützt Schulen beim Konzipieren von grünen Lernräumen.

Jedes Jahr kürt auch der stadtweite Wettbewerb „Schule und Natur" der Stiftung der Frankfurter Sparkasse herausragende „grüne" Schulprojekte. Auch Schulgärten können sich um die Auszeichnung und ein damit verbundenes Preisgeld bewerben. Wer sich online informieren möchte, findet auf den Seiten der Bundesarbeitsgemeinschaft Schulgarten viele Tipps, Fortbildungsangebote und Informationen: bag-schulgarten.de

Gut gesammelt ist halb gedüngt

Rund 30 bis 40 Prozent unseres gesamten Abfalls macht der Biomüll aus. Aus unseren Küchen- und Gartenabfällen wird – sofern wir sie separat entsorgen – in Kompostier- und Vergärungsanlagen Kompost oder Biogas. Wer noch keine Biotonne hat, kann sie in Frankfurt gebührenfrei beantragen unter www.frankfurt.de > Leben in Frankfurt > Umwelt > Abfall. Oder Sie kompostieren Ihre Bioabfälle selbst und verwenden sie als wertvolle Anreicherung des Gartenbodens. Mit einer sogenannten Wurmkiste ist das selbst auf dem Balkon möglich.

Ausgleich für die Umwelt

Heizung, Warmwasser und sogar Kochen kann man auch mit Erdgas. Unter den fossilen Brennstoffen ist Erdgas zwar der umweltfreundlichste Energieträger, doch auch hier entstehen bei der Verbrennung klimaschädliche CO_2-Emissionen. Um diese unvermeidbaren CO_2-Emissionen auszugleichen, bietet Mainova ihren Erdgas-Kundinnen und Kunden die Zusatzoption Erdgas KlimaPlus an, wodurch internationale Klimaschutzprojekte gefördert werden. Weitere Informationen finden Sie unter mainova.de/klimaplus.

Mit allen heißen Wassern gewaschen?

Energie und Geld sparen, das können Sie auch beim Wäschewaschen: Indem Sie die Trommel immer möglichst voll beladen. Das 30- oder 40-Grad-Programm für normal verschmutzte Wäsche spart rund die Hälfte der Energie gegenüber dem 60-Grad-Programm. Und die Wäsche wird trotzdem sauber, da viele Hersteller die Zusammensetzung ihrer Waschmittel verändert haben. So ist auch die empfohlene Dosiermenge und der Wasserverbrauch in den letzten 30 Jahren um ein Drittel zurückgegangen.

Beispiel

Pro Jahr 160 Waschgänge mit 30 statt 60 Grad, Verzicht auf Vorwäsche und Trockner:

Hilfe gegen Energiearmut

Mit einem Kühlschrankabwrack-Programm unterstützt das Energiereferat der Stadt Frankfurt am Main und der Cariteam-Energiesparservice Frankfurter Haushalte, die staatliche Transferleistungen beziehen (u. a. ALG II, Frankfurt Pass), dabei ihren Energieverbrauch zu senken. Mit bis zu 270 Euro Zuschuss und der Übernahme der Entsorgungskosten wird der Austausch eines Altgeräts gegen ein energieeffizientes Neugerät gefördert. Voraussetzung für die Nutzung ist die Teilnahme an einer Energieeinsparberatung durch den Cariteam-Energiesparservice – ein kostenloser Service, der sich gezielt an Haushalte mit niedrigem Einkommen richtet. Mehr Informationen gibt es hierzu unter frankfurt-spart-strom.de.

Ökologisch bauen und renovieren

Im Gespräch mit
Norbert Breidenbach,
Vorstandsmitglied der
Mainova AG

Wie sieht für Sie die Zukunft der Energieerzeugung aus?
Ganz klar: Die Energieversorgung wird regenerativ, effizient und dezentral sein. Effiziente Photovoltaik-Anlagen und passende Speicher zum Beispiel sind eine wesentliche Säule dieser Zukunft.

Für wen eignen sich solche Anlagen?
Wir haben Angebote für Eigenheimbesitzerinnen und -besitzer sowie für kleinere Unternehmen und Vereine, aber auch für Wohnungsbaugesellschaften und deren Mieterinnen und Mieter. Ob sich eine Solaranlage auf dem Dach lohnt, prüfen wir natürlich vorab und kostenlos.

Ökologisch bauen und renovieren

Wer möchte schon Geld aus dem Fenster werfen? Und doch passiert es immer noch allzu oft, dass Heizenergie buchstäblich aus dem Fenster entweicht. Eine gute Dämmung kann hier Wunder wirken und schlägt sich auch in reduzierten Heizkosten nieder. Wie wäre es also mit ökologisch unbedenklichen Dämmstoffen aus recycelten Tageszeitungen (Cellulose), aus Seegras, Flachs, Hanf oder Jute? Weitere Tipps und Anregungen finden Sie im folgenden Kapitel.

Service für Klimasparer in Frankfurt

Sie wollen Ihr Haus sanieren, Ihre Heizung modernisieren oder Strom sparen? Der Verein Energiepunkt bündelt viele Angebote von Frankfurter Unternehmen, Institutionen und Handwerkern und bietet außerdem Beratung und Veranstaltungen rund ums Energiesparen an. Energiepunkt - Energieberatungszentrum FrankfurtRheinMain e.V., Ginnheimer Straße 48, 069 21383999, energiepunkt-frankfurt.de. Wenn Sie in Höchst wohnen, können Sie von speziellen Fördermitteln profitieren: Das Förderprogramm Höchst bezuschusst bis zu 30 Prozent der förderfähigen Kosten für Maßnahmen zur Energieeinsparung und zum Einsatz regenerativer Energien, Kraft-Wärme-Kopplung oder Geothermie. stadtplanungsamt-frankfurt.de

Mainova daheim solar
Mit Sonnenenergie zum Klimaschützer

Sonnenstrahlung ist die größte Energiequelle; sie steht uns nach menschlichen Zeitmaßstäben unerschöpflich zur Verfügung – und verursacht keine Treibhausgase wie CO_2.
Für die Nutzung von Sonnenenergie zur Stromerzeugung bietet das Rhein-Main-Gebiet mit rund 2.000 Sonnenstunden im Jahr beste Voraussetzungen. Das Angebot daheim solar des regionalen Energiedienst-

Ökologisch bauen und renovieren

leisters Mainova ist dabei besonders attraktiv: Das Paket besteht nicht nur aus einer effizienten Photovoltaikanlage, sondern beinhaltet den Speicher gleich mit. So kann der selbst erzeugte Strom rund um die Uhr genutzt werden – auch, wenn die Sonne nicht scheint. Reicht das nicht aus, steht automatisch Strom aus dem öffentlichen Netz zur Verfügung.

Kostenlose Beratung

Die Mainova-Experten beraten künftige Stromerzeuger kostenlos direkt vor Ort und stellen ein maßgeschneidertes Angebot zusammen. Interessiert? Nutzen Sie einfach den Beratungsgutschein oder senden Sie eine E-Mail mit dem Stichwort KLIMA an daheimsolar@mainova.de.
Weitere Informationen finden Sie unter mainova-energieerzeuger.de.

Ökologisch bauen und renovieren

Entdecken Sie Frankfurts grüne Architektur

Frankfurt ist Spitzenreiter beim Bau von Passivhäusern und gehört in ganz Europa zur Topliga beim Klimaschutz. Lernen Sie dieses Engagement kennen: Auf spannenden Routen führt der zweisprachige Reiseführer „Das energieeffiziente Frankfurt" (deutsch/englisch) durch verschiedene Stadtteile entlang von hochwertiger Architektur mit bemerkenswerten Energiesparmaßnahmen. Das Büchlein kann zum Preis von 9,95 Euro im Buchhandel über die ISBN 978-3-940179-15-9 bestellt werden.

Klimatours

Mit den Klimatours haben Sie die Möglichkeit, einen Blick „hinter die Kulissen" der Frankfurter Klimaschützer zu werfen. Hier werden Ihnen Türen, Keller und Dächer geöffnet und gezeigt, wie die Lüftung im Passivhaus funktioniert oder wie Büroräume energiesparend gekühlt werden. Klimatours ist ein Projekt des Energiereferats der Stadt Frankfurt gemeinsam mit der Architekturplattform AiD. Anmeldung bei AiD Architektur im Dialog, Susanne Petry, Franziusstr. 6, 069 66575970, petry@architekturimdialog.de

Ökologisch bauen und renovieren

Klimaschutz-Stadtplan Frankfurt

Klimaschutzprojekte und besonders effiziente Gebäude in Ihrer Nachbarschaft zeigt Ihnen der Frankfurter Klimaschutz-Stadtplan. Ihr Projekt ist noch nicht drin? Melden Sie es dem Energiereferat unter 069 21239193 oder energiereferat@stadt-frankfurt.de, klimaschutzstadtplan-frankfurt.de.

Die Energiezukunft ins Haus holen

Mieterinnen und Mieter aufgepasst! Mainova installiert derzeit Solaranlagen auf den Dächern von Wohnhäusern und bietet den damit erzeugten Strom direkt vor Ort an. Diese dezentrale Lösung zur Stromerzeugung ist besonders umweltschonend und trägt dazu bei, die geplanten Klimaschutzziele unserer Stadt zu erreichen. Die Nutzung von Solarstrom, der auf dem Hausdach direkt vor Ort erzeugt wird, war lange Zeit ein Privileg von Eigenheimbesitzern.
Jetzt können auch Mieter aktiv an der Energiezukunft teilnehmen.

Neben dem ökologischen Nutzen überzeugen vor allem die finanziellen Vorteile: Mainova Strom Lokal PV ist der günstigste Ökostromtarif. Hausbesitzer profitieren finanziell vom lokal erzeugten Mieterstrom und steigern den Wert, die Attraktivität und somit die Vermietbarkeit Ihrer Immobilien. Weitere Informationen unter
mainova.de/mieterstrom.

Frankfurt spart Strom für Haushalte

„Frankfurt spart Strom für Haushalte" ist ein Programm des Energiereferats der Stadt Frankfurt am Main. Das Energiereferat belohnt Bürgerinnen und Bürger, die effizient mit Strom umgehen und so Stromeinsparungen realisieren. Wurde der Stromverbrauch im Vergleich zu den beiden Vorjahren um mindestens 10 Prozent reduziert, erhalten sie eine Geldprämie von 20,- Euro. Jede weitere eingesparte Kilowattstunde wird mit zusätzlich 10 Cent vergütet. Die durchschnittliche Prämienauszahlung lag im Jahr 2016 bei durchschnittlich 58,- Euro pro Haushalt. Teilnehmen können alle Frankfurter Haushalte.

Ökologisch bauen und renovieren

Die Vorteile auf einem Blick

- Sie sparen bares Geld und können von einer Extraprämie profitieren. Schon ab einer Einsparung von 10 Prozent Ihres Stromverbrauchs erhalten Sie eine Prämie von 20,- Euro.

- Für jede weitere Kilowattstunde Strom, die Sie einsparen, bekommen Sie nochmals 10 Cent.

- Selbstverständlich reduziert sich auch Ihre Stromrechnung um den eingesparten Verbrauch.

- Sie leben energieeffizienter und helfen gleichzeitig, unser Klima zu schützen.

Drei Möglichkeiten, ganz einfach Strom zu sparen:

- Stand-by-Verluste lassen sich ohne größere Investitionen komplett vermeiden. Schalten Sie Ihre Geräte ganz aus oder nutzen Sie abschaltbare Steckerleisten.

- Alte Haushaltsgeräte verbrauchen oft zu viel Strom. Neue, effizientere Geräte rechnen sich oft schon nach wenigen Jahren.

- Beleuchtung erneuern: Ersetzen Sie alte Leuchtmittel durch neue und Sie sehen den Effekt sofort auf der Stromrechnung.

Weitere Informationen erhalten Sie unter www.frankfurt-spart-strom.de. Dort finden Bürgerinnen und Bürger auch zusätzliche Informationen, beispielsweise zum Prämien-Check. Die Hotline von „Frankfurt spart Strom!" ist unter 069 21239090 erreichbar.

Ökologisch bauen und renovieren

Machen Sie die Schotten dicht

An den Fenstern geht ein Großteil der Wärme im Haus verloren. Da ist es gut, wenn Ihre Fenster eine moderne Wärmeschutzverglasung haben, denn so beträgt der Wärmeverlust nur etwa ein Drittel gegenüber einer Isolierverglasung der 1980er Jahre. Nachts isolieren zugezogene Vorhänge und heruntergelassene Rollläden den Raum besser und halten die Kälte aus möglichen undichten Stellen am Fenster und in der Wand zurück. Mit Fensterdichtung aus dem Baumarkt bekommen Sie die Rahmen wieder dicht, sodass keine Zugluft eindringt. Einen Meter davon gibt's schon ab zwei Euro. Bei zugigen Haustüren helfen Zugluftblocker.

Beispiel
Das Abdichten der Fenster- und Türfugen in einer 60-Quadratmeter-Wohnung spart pro Jahr bis zu:

Lassen Sie mal Luft ab

Heizungen müssen regelmäßig entlüftet werden, damit sie richtig arbeiten können. Wenn ein Heizkörper gluckert oder trotz aufgedrehtem Thermostatventil nicht mehr richtig warm wird: Einfach das Lüftungsventil mit dem entsprechenden Ventil-Schlüssel aufdrehen und die eingeschlossene Luft entweichen lassen, bis Wasser tröpfelt. Mit einem Auffanggefäß, das Sie unter die Öffnung des Ventils halten, bleibt alles trocken. Das Lüftungsventil befindet sich meist gegenüber dem Thermostat.

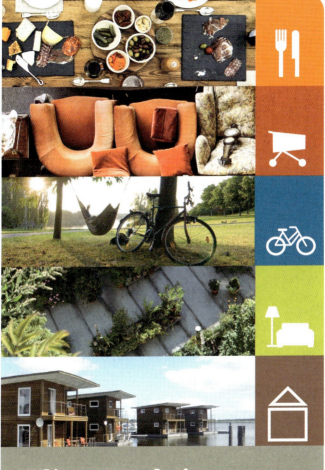

Klimagutscheine

Klimagutscheine – Übersicht

Gesünder essen und genießen

Denningers Mühlenbäckerei	81
Frankfurter PAUSE	81
Café basaglia	81
36° grad Café° Restaurant° Bar	81
BioMarkt Picard	83
Distel Bioladen	83
Distel Bioladen	85
Bio Metzgerei Spahn	85
Feine Emma Delikatessen	85
Reformhaus Bornheim	85
Obsthof am Steinberg	87
Dottenfelderhof-Laden	87
Querbeet Bio Frischvermarktung	87
Ökoweingut Theo Schütte	87
Teekampagne	89
Food Vegan GbR	89

Bewusster leben und konsumieren

ekn footwear GmbH	89
apfelgrün zum Anziehen	89
OrganicC	91
Weltladen Frankfurt – Aktion Weltmarkt GmbH	91
Weltladen Bornheim	91
Cutedrale	91
Shanti Yoga	93
Blumenhaus Thomas	93
MAINRAUM NATURKOSMETIK	93
Umweltlernen in Frankfurt e. V.	93
voice-design	Werbung, Design & Druck	95
Hartmud I craft tableware	95
Lebendige Schönheit – Onlineshop	95
Avocadostore.de	97

MeinFrollein Strickaccessoires 97
hessnatur 97
GREEN SHIRTS 97
Upcycling Deluxe 99
projekt21plus 99
3FREUNDE 99
Slow Food Magazin 101
Nationalpark 101
Triodos Bank 101
Mainova – Umwelt-Kartenspiel 101

Nachhaltig unterwegs im Alltag und auf Reisen

Naturschule Hessen 103
Per Pedale GmbH... 103
Wohnzimmer-Werkstatt 103
Stögerhof 103
Velotaxi 105
Villa Orange 105
ReNatour – natürlich reisen 105

Grüner und schöner wohnen

RMB Rhein-Main Biokompost 105
Mainova – Beleuchtungsberatung 107
Mainova – Energieausweis 107
Mainova – daheim Solar 107
Mainova – Ökostrom Novanatur... 107
Verbraucherzentrale Hessen e.V. 109
Polarstern... 109

Ökologisch bauen und renovieren

Casa Viva – Baubiologie und Naturbaustoffe 109
Deutsche Bundesstiftung Umwelt 109

So nutzen Sie die Gutscheine

Wie Sie klimafreundlich und fair in Hamburg leben können, zeigen Ihnen zahlreiche Einzelhändler, Dienstleister und Initiativen in diesem Gutscheinteil. Machen Sie mit und nutzen Sie die attraktiven Angebote unserer Partner! Wie das funktioniert, erfahren Sie hier:

- Die Gutscheinangebote gelten nur, solange der Vorrat reicht.

- Jeder in diesem Buch enthaltene Gutschein darf nur einmal pro Person eingelöst werden.

- Bei online einzulösenden Gutscheinen ist auf Verlangen der Originalgutschein einzusenden.

- Eine Barauszahlung erfolgt nicht.

- Wir übernehmen keine Haftung, wenn ein Gutschein von einem Gutscheinanbieter nicht eingelöst wird oder nicht eingelöst werden kann. Dies gilt insbesondere bei Besitzerwechsel, Geschäftsauflösung, Insolvenz usw.

- Für die Inhalte der Gutscheine sowie der in diesem Buch aufgeführten Websites und deren Links sind ausschließlich die jeweiligen Betreiber verantwortlich.

Viel Vergnügen
beim Ausprobieren
der Angebote!

Gültig bis 31.12.2018

Denningers Mühlenbäckerei
Ein Biobrot unserer aktuellen
Brotempfehlung gratis

Gültig bis 31.12.2018

Frankfurter PAUSE
Ein Heißgetränk gratis beim Kauf
einer Zimtschnecke

Gültig bis 31.12.2018

Café basaglia
Ein Heißgetränk gratis
(bei Verzehr eines Stück Kuchens)

Gültig bis 31.12.2018

36°grad Café°Restaurant°Bar
Zwei Gerichte zum Preis von einem

Genuss & Gesundheit

Denningers Mühlenbäckerei ist Bioland-Vertragsbäckerei mit eigenen Getreidemühlen. Bei uns bekommen Sie echte Vollkornbrotspezialitäten, leckere Kuchen, Feingebäck und bunte Snacks.

Denningers Mühlenbäckerei
Berger Str. 196, 60385 Frankfurt
069 257564150, Mo-Fr 7-18.30 Uhr, Sa 7-14 Uhr
Bornheimer Wochenmarkt: Sa 8-16 Uhr
denningers-muehlenbaeckerei.de

Frankfurter PAUSE – Bio-Deli/Kaffeeladen

Die „PAUSE" bietet warme und kalte Stullen, Salate, Süßes und leckeren Kaffee. Wir belegen alles frisch selbst, mit Zutaten von regionalen Herstellern. Vegetarisches und Veganes können wir auch – nur Nicht-Bio haben wir nicht.

Frankfurter PAUSE
Roßmarkt 10, 60311 Frankfurt
069 40156247, Mo-Fr 8-19 Uhr, Sa 10-18 Uhr
frankfurterpause.de

Essen und Trinken in Bio-Qualität

Im Café basaglia werden Kaffee, Speisen und Getränke in Bio-Qualität serviert. Der Kaffee stammt aus der Rösterei basaglia, die von der Tagesstätte des Frankfurter Vereins betrieben wird, und ist immer frisch geröstet.

Café basaglia
Eschersheimer Landstr. 65, 60322 Frankfurt
069 13023616, Mo-Fr 7.30-17 Uhr
cafebasaglia.de

36 Gründe, um vorbeizuschauen

Täglich Frühstück, netter Service, hausgemachter Kaffee und Kuchen, sowie Lunch Specials sind die ersten 5 Gründe. Die leckere Gerichte- und Getränkeauswahl Grund 5-35. Der 36te ist unser Prosecco Special, das zum Chillen auf unserer Terrasse einlädt.

36° grad Café° Restaurant° Bar
Oppenheimer Landstr. 36, 60594 Frankfurt
069 56994389, Mo-So 10-1 Uhr
36gradfrankfurt.de

Gültig bis 31.12.2018

BioMarkt Picard
Ein Bio-Heißgetränk im Stehbistro gratis
(Gutschein bitte vor dem Kassieren abgeben!)

Gültig bis 31.12.2018

BioMarkt Picard
10% Rabatt bei Ihrem Einkauf auf alle rabattfähigen Artikel
(Gutschein bitte vor dem Kassieren abgeben!)

Gültig bis 31.12.2018

Distel Bioladen
10% auf alle Bio-Lebensmittel
(ab einem Einkaufswert von 10 Euro)

Gültig bis 31.12.2018

Distel Bioladen
Eine Tasse Tee gratis
(ab einem Einkaufswert von 10 Euro)

Der Bio-Frischemarkt in Rödelheim
Genießen Sie in unserem Biomarkt regionales Obst und Gemüse, Molkereiprodukte, Fleisch- und Wurstwaren. So wird unser Laden ein Erlebnis für alle Sinne – einfach zum Wohlfühlen.

Biomarkt Picard
Lorscher Str. 16, 60489 Frankfurt-Rödelheim
069 7893389, Mo-Fr 8-20 Uhr, Sa 8-16 Uhr
biomarktpicard.de

Der Bio-Frischemarkt in Rödelheim
Genießen Sie in unserem Biomarkt regionales Obst und Gemüse, Molkereiprodukte, Fleisch- und Wurstwaren. So wird unser Laden ein Erlebnis für alle Sinne – einfach zum Wohlfühlen.

Biomarkt Picard
Lorscher Str. 16, 60489 Frankfurt-Rödelheim
069 7893389, Mo-Fr 8-20 Uhr, Sa 8-16 Uhr
biomarktpicard.de

Distel Bioladen
Im Laden konzentrieren wir uns auf Kosmetik, Aromaöle, Wein und Tees. Jedoch finden Sie auch eine Vielzahl an Lebensmitteln, Haushaltsartikeln und Getränken bei uns.

Distel Bioladen
Hamburger Str. 17, 60486 Frankfurt
069 71718977, Mo-Fr 10-18.30 Uhr, Sa 10-17 Uhr
distelbioladen-frankfurt.jimdo.com

Distel Bioladen
Im Laden konzentrieren wir uns auf Kosmetik, Aromaöle, Wein und Tees. Jedoch finden Sie auch eine Vielzahl an Lebensmitteln, Haushaltsartikeln und Getränken bei uns.

Distel Bioladen
Hamburger Str. 17, 60486 Frankfurt
069 71718977, Mo-Fr 10-18.30 Uhr, Sa 10-17 Uhr
distelbioladen-frankfurt.jimdo.com

Distel Bioladen
Eine Dr. Hauschka Probiertüte gratis
(ab einem Einkaufswert von 10 Euro)

Gültig bis 31.12.2018

Bio Metzgerei Spahn
20% auf alles, außer auf Angebote

Gültig bis 31.12.2018

Feine Emma Delikatessen
10% auf Ihren Einkauf
(nicht bei Spirituosen)

Gültig bis 31.12.2018

Reformhaus Bornheim
10% Rabatt auf einen Einkauf ab 50 Euro
(gilt nicht für bereits reduzierte oder Angebotsware)

Gültig bis 31.12.2018

Distel Bioladen
Im Laden konzentrieren wir uns auf Kosmetik, Aromaöle, Wein und Tees. Jedoch finden Sie auch eine Vielzahl an Lebensmitteln, Haushaltsartikeln und Getränken bei uns.

Distel Bioladen
Hamburger Str. 17, 60486 Frankfurt
069 71718977, Mo-Fr 11-19.30 Uhr, Sa 10-17 Uhr
distelbioladen-frankfurt.jimdo.com

Mehr als Bio, mehr als Fleisch und Wurst
Bei uns auch Bio-Vegan – über 100 Artikel im Laden und online

Bio Metzgerei Spahn
Berger Str. 222, 60385 Frankfurt
069 455481, Mo-Fr 7.30-19 Uhr, Sa 7.30-16 Uhr
biospahn.de

Feine Emma Delikatessen
Von herzhaft über süß bis hin zu Spirituosen und edlen Gewürzen – bei uns finden Sie Köstlichkeiten aus deutschen Manufakturen in einem ausgesuchten, saisonal wechselnden Sortiment.

Feine Emma Delikatessen
Vogelsbergstr. 17, 60316 Frankfurt
069 90 4305410, Di-Fr 11.30-19 Uhr, Sa 9-16 Uhr
feine-emma.com

Reformhaus Bornheim – natürlich gesund leben
In unserem Reformhaus finden Sie Naturkosmetik und natürliche, hochwertige Bio-Lebensmittel, Naturarzneimittel und eine große Auswahl an Birkenstockschuhen.

Reformhaus Bornheim
Berger Str. 204, 60385 Frankfurt (U4 Bornheim Mitte)
069 464243, Mo-Fr 9-18.30 Uhr, Sa 9-16 Uhr
reformhaus-bornheim.de

Obsthof am Steinberg
20 % Rabatt bei einem
Einkauf im Hofladen

Gültig bis 31.12.2018

Dottenfelderhof-Laden
Eine Tasse Kaffee und ein Stück Kuchen
in unserem Hofcafé gratis

Gültig bis 31.12.2018

Querbeet Bio Frischvermarktung
Querbeet „Schnuppertüte"
(Warenwert ca. 20 Euro. Gutschein am Marktstand einlösen
oder per Post an uns senden. Gratislieferung innerhalb
unseres Liefergebietes.)

Gültig bis 31.12.2018

Ökoweingut Theo Schütte
Eine Flasche Traubensaft
(rot oder weiß) pro Einkauf
im Online Shop oder vor Ort gratis
(ab einem Warenwert von 30 Euro)

Gültig bis 31.12.2018

Mit allen Sinnen genießen
Gemütliche Einkehr auf dem Obsthof am Steinberg in Nieder-Erlenbach. Bei uns dreht sich alles um den Apfel! Genießen Sie erlesene Apfelweine und -säfte, edle Obstbrände, diverse Obstsorten – 100 % bio.

Obsthof am Steinberg
Am Steinberg 24, 60437 Frankfurt, 06101 41522
Von Ostern bis 31.10.: Mo-So 9-19 Uhr,
1.11. bis Ostern: Mo-Fr 11-18 Uhr, Sa&So 10-18 Uhr
obsthof-am-steinberg.de

WISSEN WO'S HERKOMMT!
Einkaufen auf dem Demeter-Bauernhof: erntefrisches Gemüse & Obst aus eigenem Anbau, Fleisch & Wurst von eigenen Tieren, Käse & Milch aus der Hofkäserei, Brot & Kuchen aus unserer Holzofenbäckerei, ergänzt durch ein großes Bio-Vollsortiment.

Dottenfelderhof
Dottenfelderhof 1, 61118 Bad Vilbel
06101 529625, Mo-Fr 8-19 Uhr, Sa 8-18 Uhr
dottenfelderhof.de

WAS WIR AM LIEBSTEN PFLANZEN? ZUKUNFT!
Querbeet bringt die ganze Vielfalt naturgesunder Bio-Lebensmittel direkt nach Hause oder ins Büro. Auf dem Pappelhof bauen wir unser bestes Bio-Obst und -Gemüse selbst an. Regionalität, Saisonalität, fairer Handel, nachhaltiges Handeln und ein erstklassiger Kundenservice liegen uns besonders am Herzen.

Pappelhof
Dorheimer Str. 107, 61203 Reichelsheim, 060 357093100
Onlineshop 24h, Märkte: FFM Konstablerwache Sa 8-17 Uhr
Bockenheim Do 8-18 Uhr, querbeet.de

Gute Gründe für Ökowein - macht jeden Boden gut.
Die nachhaltige und bodenschonende Bewirtschaftung des Kulturgutes Wein ist uns ein Herzensanliegen. Unser Familienbetrieb freut sich auf Ihren Besuch. Probieren Sie unsere Weine und Traubensäfte!

Ökoweingut Theo Schütte
Kesselgasse 4, 67577 Alsheim
06249 5508, täglich geöffnet, Anruf genügt
oekowein-schuette.de
Bei Online-Bestellungen **Klimasparbuch Frankfurt 2018**
in das Kommentarfeld eingeben.

Gültig bis 31.12.2018

Teekampagne
50 g Grüner Darjeeling
gratis zu Ihrer Erstbestellung

Gültig bis 31.12.2018

Foodvegan
2 Euro Nachlass auf den Kaufpreis von
einem veganen Burger
oder veganen Döner

Gültig bis 31.12.2018

ekn footwear GmbH
15 Euro Rabatt auf alle Produkte
ab 100 Euro

Gültig bis 31.12.2018

apfelgrün zum Anziehen
10 % auf einen Artikel Ihrer Wahl
(Bereits rabattierte Ware ist ausgeschlossen)

In der Einfachheit liegt die höchste Vollendung
Wir sparen unnötige Wege, Lagerkosten und Material. So wird feinster Tee ungewöhnlich preiswert.

Teekampagne
0331 747474
teekampagne.de
Bitte am Ende des Bestellvorgangs den Gutscheincode eingeben: **Klimasparbuch**

100% Vegan. Regional. Gesund.
Food Vegan bietet als mobiles Fast Food Unternehmen im Rhein-Main-Gebiet Speisen auf hochwertiger und rein veganer Basis an.

Food Vegan GbR
Unternehmenssitz: Sonnenberger Str. 1, 65232 Taunusstein
Der Foodtruck Standort variiert, bitte telefonisch erfragen oder auf Homepage erkunden
06128 9792670
foodvegan.de

---

ekn footwear GmbH
Laden für Schuhe und Accessoires. Handmade in Europe from organic materials.

Ekn footwear GmbH
Danziger Platz 2-4, 60314 Frankfurt
0152 53360373, Mo-Fr 10-18 Uhr
eknfootwear.com

---

apfelgrün zum Anziehen
Die Damenboutique bietet hochwertige Mode junger Designer an, die schickes Design, hervorragende Verarbeitung und nachhaltiges Wirtschaften verbinden. Sabine Schmitt freut sich auf Ihren Besuch!

apfelgrün zum Anziehen
Glauburgstr. 95, 60318 Frankfurt, 069 27293968
Mo-Fr 10-19 Uhr, Sa 10-15 Uhr
apfelgruen.de

OrganicC
15 Euro Rabatt
(ab einem Einkaufswert von mindestens 50 Euro;
keine Barauszahlung möglich und nicht kombinierbar
mit anderen Aktionen)

Gültig bis 31.12.2018

Weltladen Frankfurt – Aktion Weltmarkt GmbH
20 % beim Kauf von 500 g Kaffee/250 g Tee oder
20 % auf Handwerksprodukte & Getränke

Gültig bis 31.12.2018

Weltladen Bornheim
Ein Kaffee/Espresso/Cappuccino gratis
und ein Einkaufsbeutel
(bei einem Einkauf ab 25 Euro)

Gültig bis 31.12.2018

Cutedrale
Für jeden Neukunden 10 Euro Nachlass

Gültig bis 31.12.2018

TRAG DIE WELT SCHÖN!
ORGANICC steht für Ethical Clothing – dies sind Kleidungsstücke und Accessoires, die unter sozial vertretbaren Arbeitsbedingungen (Fairtrade) hergestellt werden und soweit wie möglich aus organischem (Organic Cotton) oder recyceltem Material bestehen.

OrganicC
Berger Str. 19, 60316 Frankfurt
069 84843982, Mo-Fr 12-19 Uhr, Sa 11-18 Uhr
organicc.de

Weltladen Frankfurt
Handel mit fair gehandelten Waren zum Vorteil der Erzeuger auf der Südhalbkugel.

Weltladen Frankfurt
Alte Gasse 6, 60313 Frankfurt
069 285070, Mo-Fr 11.30-19 Uhr, Sa 10-17 Uhr
aktion-weltmarkt.de

Fair ist mehr!
Wir bieten eine große Auswahl an fair gehandelten Lebensmitteln und fair gehandeltem Kunsthandwerk aus Mittel- und Südamerika, Afrika und Asien.

Weltladen Bornheim
Berger Straße 133, 60385 Frankfurt
069 4930101, Mo-Fr 10-19 Uhr, Sa 10-18 Uhr
weltladen-bornheim.de

... Du kommst nur einmal oder bleibst Dein Leben lang!
Verlässlich, innovativ, kreativ, menschlich, bewusst, nachhaltig und mit nichts zu vergleichen. Die cutedrale ist der erste vegane Friseur Frankfurts: Wir haben vom Opening bis zum Finish die Möglichkeit, jemanden komplett vegan zu bedienen.

Cutedrale
Koselstr. 48, 60318 Frankfurt, 069 7072122
Termine nach Vereinbarung (auch online möglich)
cutedrale.com

Gültig bis 31.12.2018

Shanti Yoga
1 x kostenlose Lebensberatung
Coaching für Erfolg und Sinn im Leben

Gültig bis 31.12.2018

Blumenhaus Thomas
20% auf Ihren Einkauf von
Fairtrade-Blumen
plus kostenloses Infoheft

Gültig bis 31.12.2018

MAINRAUM NATURKOSMETIK
10% Rabatt auf Ihren Produkteinkauf
(Ab einem Einkaufswert von 50 Euro. Keine Barauszahlung.
Nicht kombinierbar mit anderen Aktionen.)

Gültig bis 31.12.2018

UMWELTBILDUNG

Umweltlernen in Frankfurt e.V.
Kostenfreie Lernwerkstatt für Schulklassen

Lebe das Leben, das für Dich bestimmt ist!
Was ist der Sinn Deines Lebens? Du bist talentiert, jedoch orientierungslos und ohne Freude? Bekomme Klarheit und eine konkrete Richtung. Lass Dein Leben nicht ungelebt verstreichen. Finde Deine Bestimmung, Frieden und wahres Glück!

Shanti Yoga
Philipp-Fleck Str.15, 60486 Frankfurt
069 95862725 – 0177 5261346
Mo-Fr 10-18 Uhr
shanticompany.com

Ihr freundlicher Florist in Bergen-Enkheim
Bei uns bekommen Sie Sträuße, Gestecke und auch sonst alles rund um Blumen und Pflanzen – und natürlich Fairtrade-Blumen! Wir sind außerdem Ihr kompetenter Partner in Sachen Eventfloristik, Hochzeitsfloristik und Trauerfloristik.

Blumenhaus Thomas
Vilbeler Landstr. 204, 60388 Frankfurt
06109 509027, Mo-Fr 9-19 Uhr, Sa 9-16 Uhr
blumenhaus-thomas.de, www.facebook.com/blumenhaus.thomas

MAINRAUM NATURKOSMETIK Zeit für natürliche Schönheit.
Ganzheitliche Kosmetik- und Wellnessbehandlungen für sie und ihn. Unser Produktsortiment umfasst zertifizierte Naturkosmetik, Organic Make-up und Gesundheitsprodukte für Schönheit und Wohlbefinden.

MAINRAUM NATURKOSMETIK
Oppenheimer Landstr. 46, 60596 Frankfurt
069 96230588, Beratung & Verkauf: Fr 10-19 Uhr
Sa 10-14 Uhr, Behandlungstermine: Di-Sa nach Vereinbarung
mainraum-naturkosmetik.de

Umweltlernen in Frankfurt e.V
„Energie schlau nutzen!", „Das Passivhaus" oder „Energiewende" sind Lernwerkstätten, mit denen wir an Ihre Schule kommen. 4x experimentieren und arbeiten wir an Stationen mit 1 Schulklasse pro Vormittag zu einem Nachhaltigkeits-Thema Ihrer Wahl. Machen Sie einen Termin aus!

Umweltlernen in Frankfurt e.V.
Frau Bühring-Uhle, 069 21240332
katja.buehring-uhle@stadt-frankfurt.de
umweltlernen-frankfurt.de

Gültig bis 31.12.2018

voice-design
15% auf alle Einladungs-, Danksagungs- und andere Familienkarten
(Es gelten unsere AGB, einsehbar auf www.vegan-druck.de)

Gültig bis 31.12.2018

voice-design
Visitenkarten:
Wir verdoppeln Ihre bestellte Auflage
(Es gelten unsere AGB, einsehbar auf www.vegan-druck.de)

Gültig bis 31.12.2018

Hartmud | craft tableware
25% auf Dein neues Lieblingsstück

Gültig bis 31.12.2018

www.lebendige-schoenheit.de
10% Rabatt auf einen Einkauf ab 30 Euro

voice-design ... überraschend ethisch!
Konzeption, Gestaltung, Produktion – wir stehen Ihnen kompetent zur Seite. Und das überraschend ethisch. Denn wir sind Deutschlands erste ethisch-basierte, vegane Werbeagentur und Druckerei.

voice-design
Bleichstr. 33, 63065 Offenbach am Main
069 83834651, Mo-Do 9-17.30 Uhr, Fr 9-16 Uhr
vegan-druck.de

▶ www.vegan-druck.de

---

voice-design ... überraschend ethisch!
Konzeption, Gestaltung, Produktion – wir stehen Ihnen kompetent zur Seite. Und das überraschend ethisch. Denn wir sind Deutschlands erste ethisch-basierte, vegane Werbeagentur und Druckerei.

voice-design
Bleichstr. 33, 63065 Offenbach am Main
069 83834651, Mo-Do 9-17.30 Uhr, Fr 9-16 Uhr
vegan-druck.de

▶ www.vegan-druck.de

---

pimp your food porn
Handcrafted tableware for a slow and conscious food world, from morning coffee to bedtime porridge, from craft beer binge to tea mediation we invite you to share our love with clay.

#hartmudstudio
hartmud.com
Gutscheincode: **KLIMALIEBE**

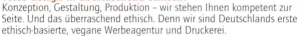

Lebendige Schönheit – natürlich gepflegt
Wir bieten ein umfangreiches Angebot ehrlicher Naturkosmetik und helfen Produkte zu finden, die Ihnen und der Umwelt wirklich guttun.

Lebendige Schönheit
Tina Otte, beratung@lebendige-schoenheit.de
lebendige-schoenheit.de
Aktionscode: **Klima sparen**

Avocadostore.de
10% Rabatt auf Ihren Einkauf

Gültig bis 31.12.2018

MeinFrollein
10% Rabatt auf das Online-Sortiment

Gültig bis 31.12.2018

hessnatur
20% Rabatt im Store Frankfurt

Gültig bis 31.12.2018

GREEN SHIRTS
20% Rabatt auf Ihren nächsten Einkauf

Gültig bis 31.12.2018

Eco Fashion & Green Lifestyle
Avocadostore.de ist Deutschlands größter Marktplatz für grüne Produkte und bündelt mehr als 100.000 Artikel auf einer Plattform. Nie zuvor war es so einfach, nachhaltig einzukaufen – vom T-Shirt über den Esstisch bis zu Bio-Lebensmitteln.

Avocado Store GmbH
Lerchenstr. 16a, 22767 Hamburg, 040 43277693
avocadostore.de
Aktionscode: **FFM18**

Mützen und Schals: kuschelig, fair & nachhaltig
Wir produzieren in deutschen Manufakturen und setzen nur feinste und nachhaltige Garne ein. Mit dem Kauf unterstützen Sie jede Saison ein soziales Meinfrollein Charity Projekt in einem Kinderdorf.

MeinFrollein Strickaccessoires
Gutenbergstr. 2, 63225 Langen
0171 7035876
meinfrollein.de
Aktionscode: **Klimahelden**

hessnatur - FAIR FASHION SEIT 1976
Besuchen Sie uns und erleben Sie Mode mit Verantwortung - ökologisch und fair von der ersten Idee bis zur letzten Naht.

Hess Natur-Textilien GmbH
hessnatur Store Frankfurt, Kaiserstr. 3, 60311 Frankfurt
069 97762902, Mo-Sa 10-19 Uhr
hessnatur.com
Aktionscode: **KLIMAFFM**

GREEN SHIRTS – Social Eco Wear
Grüne Mode für Männer und Frauen. Von T-Shirts, Tank Tops, V-Shirts, Sweatshirts, Longsleeves und Polos. Alle Bio-Stoffe sind aus verschiedensten Materialien wie Baumwolle, Holz, Leinen und recycelten Stoffen wie PET-Flaschen.

GREEN SHIRTS
Nikolausstr. 13, 82335 Berg, 0177 5179746
green-shirts.com
Aktionscode: **Green-Shirts-Klimasparbuch**

Gültig bis 31.12.2018

Upcycling Deluxe
10% Rabatt auf unser
Online-Sortiment

Gültig bis 31.12.2018

projekt21plus
Kostenlose Beratung zu
ethisch-ökologischer Altersvorsorge
und Finanzanlagen

Gültig bis 31.12.2018

projekt21plus
Ein Baum geschenkt bei Abschluss
einer Altersvorsorge

Gültig bis 31.12.2018

3FREUNDE
10% Rabatt auf Ihren Einkauf
(einmal pro Kunde)

Upcycling Deluxe
Upcycling Deluxe macht aus vermeintlichem Abfall echtes Design. Vom Hut aus Kaffeesack bis zur Lampe aus Ölfass – wir recyceln alles! Stylisch, nachhaltig und natürlich fair gehandelt.

Upcycling Deluxe
info@upcycling-deluxe.com, 030 62608576
upcycling-deluxe.com
Aktionscode: **klimaretter**

Das ökologische Beratungsprojekt
Wir bieten Ihnen eine unabhängige Beratung zu Geldanlagen und Altersvorsorge. Dabei unterliegen alle Angebote strengen Kriterien zu Ökologie, Ethik und Wirtschaftlichkeit.

projekt21plus
Volkartstr. 46, 80636 München, 089 35653344
projekt21plus.de

Das ökologische Beratungsprojekt
Wir bieten eine unabhängige Beratung zu Geldanlagen und Altersvorsorge nach strengen ethisch-ökologischen Kriterien. Beim Abschluss einer Altersvorsorge schenken wir Ihnen einen Baum aus einem Aufforstungsprojekt.

projekt21plus
Volkartstr. 46, 80636 München, 089 35653344
projekt21plus.de

Shirts-Bio-Fair
Wer es ernst meint mit Nachhaltigkeit, Fairness und Transparenz, trägt ein T-Shirt von 3FREUNDE. Neben der Kollektion für Erwachsene und Kinder bedruckt 3FREUNDE auch Shirts mit Kundenmotiven.

3FREUNDE
Brauneggerstr. 34a, 78462 Konstanz
07623 46926720, 3freunde.de
Gutscheincode: **3FREUNDE-Frankfurt**

Gültig bis 31.12.2018

Slow Food Magazin
25% Rabatt auf ein Probeabo
des Slow Food Magazins
(Wert: Drei Hefte für 10 Euro)

Gültig bis 31.12.2018

Nationalpark
30% auf ein Probe-Abo
von Nationalpark
(Wert: Zwei Hefte für 6,30 Euro)

Gültig bis 31.12.2018

Triodos Bank N.V. Deutschland
Jeder Neukunde erhält ein enorm-Abo
(1 Jahr, digital) im Wert von 24,90 Euro

Gültig bis 31.12.2018

UMWELTBILDUNG

Mainova – Umwelt-Kartenspiel
kostenlos über die Mainova erhältlich

Genießen mit Verstand

Das Slow Food Magazin ist die Zeitschrift für nachhaltige Lebensmittelproduktion und eine bewusste Ernährungsweise. Mit seinem Themenmix aus Kulinarik, Gesellschaft, Produktempfehlungen und Engagement verbindet das Magazin Genuss und Verantwortung.

oekom verlag
089 54418437
www.oekom.de/zeitschriften/slow-food-magazin

Wo Mensch und Wildnis sich begegnen

Wildnis, Naturschutz und Reisen in deutsche und europäische Naturlandschaften – namhafte Autoren berichten aus erster Hand aus den spektakulärsten Naturgebieten und erzählen in spannenden Reisereportagen von seltenen Kleinoden.

oekom verlag
089 54418437
www.oekom.de/zeitschriften/nationalpark

Nationalpark

Triodos Bank - Denn Geld kann so viel mehr.

Die Triodos Bank verfolgt als Europas führende Nachhaltigkeitsbank die Idee, mit dem Geld ihrer Kunden den positiven Wandel in der Gesellschaft zu finanzieren - transparent, fair, menschlich.

Triodos Bank
Mainzer Landstr. 211, 60326 Frankfurt
069 71719191
Tel.: Mo-Fr 8.30-18.30 Uhr
Filiale: Mo-Fr 10-17 Uhr
kundenbetreuung@triodos.de, triodos.de

enorm
Zukunft fängt bei Dir an

Triodos Bank

Das Frankfurter Umwelt-Kartenspiel vom Umweltforum Rhein-Main e. V.

Das Umwelt-Kartenspiel wurde ursprünglich speziell für Geflüchtete entworfen und gibt auf einfache Art und Weise über eingängige Symbole einen leichten Einstieg in unsere Umweltstandards. Bitte heraustrennen und senden an:

Mainova AG
Umwelt-Kartenspiel
Postfach 62 01 32, 60350 Frankfurt
Hinweis: Versand solange der Vorrat reicht

UMWELTBILDUNG

Naturschule Hessen
Eine Floßfahrt für die Familie (4 Personen)

Gültig bis 31.12.2018

Per Pedale GmbH
15 Euro Gutschein für eine Inspektion

Gültig bis 31.12.2018

Wohnzimmer-Werkstatt
50% Rabatt auf die erste Stunde Miete
und ein Getränk gratis
(Wasser, Apfelschorle oder Kaffee)

Gültig bis 31.12.2018

Stögerhof
4 Tage buchen – 3 Tage zahlen
(nicht gültig während der Ferienzeiten)

Gültig bis 31.12.2018

Entwickeln kann sich nur das, was da ist.
Wir sind ein selbstständiges Unternehmen, das sich zum Ziel gesetzt hat,
Menschen in die Natur zu begleiten. Ganz nach dem Motto: „Wege
entstehen, wenn man sie geht." Folgen Sie uns.

Naturschule Hessen
Am Burghof 55, 60437 Frankfurt
069 50 68 99 72
naturschule-hessen.de

Per Pedale – Fahrräder für alle Lebenslagen
Seit über 30 Jahren ist Per Pedale Spezialist in Sachen Fahrrad-
Mobilität. In beeindruckender Vielfalt und Auswahl präsentiert Per Pedale
eine große Auswahl an Fahrrädern aller Art inkl. Probefahren. Jeder ist
willkommen!

Per Pedale GmbH
Adalbertstr. 5, 60486 Frankfurt
069 70769110, Mo-Fr 10-19 Uhr, Sa 9.30-16 Uhr
Okt-Feb nur bis 14 Uhr
perpedale.de

Wohnzimmer-Werkstatt
Lange Wartezeiten? Teuer? Doppelte Wege? Reparieren Sie Ihr Fahrrad
in der Wohnzimmer-Werkstatt doch selbst. Es ist einfacher als Sie denken.
Anleitungen und Tipps sind selbstverständlich inklusive.

Wohnzimmer-Werkstatt
Heidestr. 53, 60985 Frankfurt
069 89666669, Öffnungszeiten saisonabhängig
bitte auf der Website einsehen:
wohnzimmer-werkstatt-ffm.de

Fantastischer Biourlaub im Südlichen Allgäu
Herzlich willkommen auf unserem Hochplateau in sonniger Einzellage
mit außergewöhnlichem Panoramarundblick auf die Alpen, den Forggensee
und Schloss Neuschwanstein. Genießen Sie traumhafte Urlaubstage in unseren Wohlfühl-Wohnungen. Wir freuen uns auf Sie!

Stögerhof
Faulenseestr. 28, 87669 Rieden am Forggensee, 08362 38933
stoegerhof.de

Gültig bis 31.12.2018

Velotaxi
90-minütige Champagnertour
(für zwei Personen inkl. eine Flasche BIO-Champagner
und zwei Gläser, zu einem Preis von 99 Euro statt 120 Euro)

Gültig bis 31.12.2018

Villa Orange
10 Euro Rabatt pro Person
für eine Übernachtung
am Wochenende
(nach Verfügbarkeit)

Gültig bis 31.12.2018

ReNatour - natürlich reisen
10 Euro Rabatt pro Reisebuchung

Gültig bis 31.12.2018

RMB Rhein-Main Biokompost
50 Liter Humerra-Feinkompost
als lose Ware gratis

Velotaxi Frankfurt
Von April bis Oktober sorgen wir mit unseren CityCruisern für eine umweltfreundliche Mobilität in Frankfurt am Main. Bitte reservieren Sie Ihr Velotaxi telefonisch für eine Fahrt von Sonntag bis Freitag zwischen 12 und 20 Uhr.

Velotaxi Frankfurt
Leopold-Wertheimerstr. 8, 61130 Nidderau
069 71588855, April-Oktober täglich 12-20 Uhr
frankfurt.velotaxi.de

Bio in the city
Mitten in Frankfurt befindet sich die Villa Orange, ein Bio- und Business-Hotel mit 38 Zimmern, Bibliothek, Hotelbar und Frühstücksterrasse. Die Gäste lieben das Bio-Frühstück, die vielen Bücher auf den Zimmern und den literarischen Salon einmal im Monat.

Villa Orange
Hebelstr. 1, 60318 Frankfurt
069 405840, durchgehend geöffnet
villa-orange.de

ReNatour - natürlich reisen
Bio-Hotels, Familienurlaub, Naturreisen, Wanderurlaub, Eselwandern, Yoga und vieles mehr! Geheimtipp-Urlaub finden Sie bei ReNatour, dem Spezialveranstalter für Nachhaltigen Tourismus.

ReNatour – natürlich reisen
0911 890704
renatour.de
Gutscheincode: **EAA9EA66**

Vom Palmengarten empfohlen – Produkte der RMB
Für Garten, Balkon, Terrasse sowie Pflanzen im Haus: In unserem neuen RMB Gartenshop finden Sie gebrauchsfertige Pflanz- und Blumenerden aller Art, Humerra-Premiumkompost für die Humusversorgung des Gartenbodens und vieles mehr.

RMB Rhein-Main Biokompost
Peter-Behrens-Str. 8, 60314 Frankfurt
069 4089860, Mo-Fr 8-16 Uhr, Sa 9-12 Uhr
rmb-frankfurt.de

Mainova Beleuchtungsberatung
Gratis-Beleuchtungsberatung
à 30 Minuten

Gültig bis 31.12.2018

Mainova Energieausweis
10 Euro Rabatt – wahlweise für einen
verbrauchsorientierten
oder bedarfsorientierten Ausweis

Gültig bis 31.12.2018

Mainova daheim Solar
kostenfreie Beratung
zu Solaranlage mit Stromspeicher
(incl. Beratungsgeschenk Solar-Powerbank)

Gültig bis 31.12.2018

Mainova Ökostrom Novanatur
50 Euro Willkommensbonus für Mainova-
Strom-Neukunden
(wenn kein Stromliefervertrag in den vergangenen 12 Monaten)

Gültig bis 31.12.2018

Mainova hilft Strom sparen: Beleuchtungsberatung

Wir informieren über aktuelle, energiesparende Leuchtmittel wie Energiesparlampe und LED und beraten Sie, welche Beleuchtung in Ihrer Wohnung geeignet ist.

Mainova ServiceCenter
Stiftstr. 30, 60313 Frankfurt, 069 21324211
energieberatung@mainova-servicedienste.de
Vereinbaren Sie einen Termin und bringen Sie diesen Gutschein zur Beratung mit.
Terminvereinbarung nach Verfügbarkeit. Pro Person ist nur ein Gutschein einlösbar.

Mainova - Energieausweis

Mainova stellt deutschlandweit Energieausweise für Immobilien aus. Alle Informationen dazu unter mainova.de/energieausweis oder telefonisch unter 0800 5895480.

Aktionscode: **Klima**
mainova.de/energieausweis

Energie-Erzeuger gesucht!

Nutzen Sie die einmalige Möglichkeit, sich in Ihrem eigenen Zuhause zum Thema Solaranlage und Stromspeicher kostenlos beraten zu lassen. Unsere Experten können vor Ort individuell auf Ihre Wünsche eingehen und Ihnen ein maßgeschneidertes Angebot unterbreiten.

Per Mail mit dem Stichwort Klima und Telefonnummer den Beratungswunsch senden an daheimsolar@mainova.de
Der Gutschein ist einmalig gültig. Pro Person ist nur ein Gutschein einlösbar. Keine Barauszahlung des Gutscheinwertes

Rundum gut versorgt

Novanatur ist Ökostrom von Mainova, der überwiegend in der Rhein-Main-Region erzeugt wird, vom TÜV SÜD geprüft und bescheinigt. Ihr Beitrag zum regionalen Klimaschutz!

Ausschließlich unter Angabe des
Aktionscode Mainova-Gutschein Novanatur: **05281**
Einmalige Gutschrift nach 12 Monaten
ununterbrochener Belieferung. Barauszahlung ausgeschlossen.
Jetzt online anmelden: novanatur.de

Verbraucherzentrale Hessen e.V.
Stationäre Energieberatung – 45 Minuten
kostenlose Beratung in Frankfurt
(gefördert durch das BMWi)

Gültig bis 31.12.2018

Polarstern
30 Euro Gutschrift für Wirklich Ökostrom oder Wirklich Ökogas

Gültig bis 31.12.2018

Casa Viva – Baubiologie und Naturbaustoffe
10 % auf Naturfarben der Firma Kreidezeit
(gilt nur für Lagerartikel)

Gültig bis 31.12.2018

„Haus sanieren – profitieren!" der Deutschen Bundesstiftung Umwelt
Kostenloser Energiecheck

Gültig bis 31.12.2018

Die Verbraucherzentrale hilft Energie sparen!
Wir bieten unabhängige und staatlich geförderte Beratung zu allen
Energiethemen wie z.B. Energiesparen, Fördermittel, Erneuerbare
Energien oder Wohnkomfort. Vereinbaren Sie einen Termin unter 0800
809802400 und bringen Sie diesen Gutschein zur Beratung mit.

Verbraucherzentrale Hessen e.V.
Große Friedberger Str. 13-17 (Nähe Konstablerwache)
60313 Frankfurt, 069 972010900
verbraucher.de/energie

Gefördert durch das BMWi

Unsere Energie verändert die Welt.
Polarstern versorgt dich mit wirklich besserer Energie. Zusätzlich unterstützen wir für jeden Kunden eine Familie in Kambodscha beim Bau
ihrer eigenen Biogasanlage. Jetzt Energieversorger wechseln!

Polarstern
Lindwurmstr. 88, 80337 München
089 309042911, Mo-Fr 9-18 Uhr
polarstern-energie.de
GUTSCHEINCODE: **KlimaF**

Casa Viva – Ökologisch Bauen und Renovieren
Wir finden mit Ihnen die richtigen Baustoffe, Baukonstruktionen und
Einrichtungsgegenstände und helfen Ihnen bei der Wahl des geeig-
neten Schlafplatzes und bei Problemen mit Schimmel, Schadstoffen oder
Elektrosmog.

Casa Viva
Vogelsbergerstr. 25, 60316 Frankfurt
069 4970400, Mo-Fr 10-13 Uhr & 16-18.30 Uhr, Sa 10-13 Uhr
casaviva-online.de

Mehrwert statt Mehrkosten – auch für Ihr Haus
Der kostenlose DBU-Energie-Check hilft Rat suchenden Hausbesitzern:
Speziell geschulte Handwerker nehmen das Haus unter die Lupe und
geben Sanierungstipps. Eine Farbskala im Energie-Check-Bogen zeigt, wie
energieeffizient zurzeit das eigene Haus ist.

Deutsche Bundesstiftung Umwelt
0541 9633928
sanieren-profitieren.de > „Energie-Checker finden"

Nachhaltigkeit lernen
Ausgewählte Anbieter Bildung nachhaltiger Entwicklung in Frankfurt

- **ADFC Frankfurt e.V.**, adfc-frankfurt.de: Touren, Technik, Rad-Mobilität
- **Aquanauten-Werkstatt**, aquanauten-werkstatt.org: Workshops zu Wasser, Energie und Ressourceneffizenz
- **Bildungsraum Grüngürtel**, tinyurl.com/Bildungsraumgruen: Lernstationen Flugplatz Bonames, Heiligenstock und Lohrpark, StadtWaldHaus und GrünGürtel-Waldschule, MainÄppelHaus, Vogelschutzwarte
- **Bio Frankfurt**, biofrankfurt.de: Biodiversität, globale Gerechtigkeit
- **BUND Jugend Hessen**, bundjugendhessen.de: Repair Café, globalisierungskritische Stadtrundgänge, Naturschutz
- **Deutscher Kinderschutzbund**, kinderschutz-bund-frankfurt.de, Kultur- und Bildungszentrum Orangerie
- **Grüne Schule Palmengarten**: palmengarten-frankfurt.de: Biologie der Pflanzen, Biodiversität, Fairer Handel
- **hessenwasser** „Wasserwerk Goldstein", frankfurt.de/efl: Wasser, Ressourceneffizienz, Wasserkreislauf
- **Kindermeilen**, kindermeilen.de: Klimaschutz, Mobilität, Ressourceneffizenz
- **Landwirtschaftlicher Informationspfad Frankfurt-Zeilsheim**, tinyurl.com/FFMHof: Landwirtschaft
- **Lernbauernhof Rhein-Main**, lernbauernhof-rhein-main.de: Tiere, Landwirtschaft
- **Theater Grüne Soße**, theatergruenesosse.de: Kulturelle Bildung zu Ernährung (Stück „Die Kartoffelsuppe")
- **Umweltlernen in Frankfurt e.V.**, Lernwerkstätten (Papier, Abfall, Energie, Wasser, ...), Gärtnern, Fairer Handel, Bike im Trend, Schuljahr der Nachhaltigkeit, Jahresprogramm UmweltSchule
- **Verbraucherzentrale Hessen**, verbraucher.de: Nachhaltige Ernährung, Klimaschutz, Fairer Handel
- **Zentrum Ökumene**, zoe-ekhn.de: Eine Welt, Fairer Handel, gerechte Welt
- **Zoologische Gesellschaft Frankfurt**, naturschutz-botschafter.de: Naturschutz, Biodiversität, Tiere

Impressum

Herausgeber:
Stadt Frankfurt am Main, Energiereferat
oekom e.V. – Verein für ökologische Kommunikation

Bibliografische Information der Deutschen Nationalbibliothek: Die Deutsche Nationalbibliothek verzeichnet diese Publikation in der Deutschen Nationalbibliografie; detaillierte bibliografische Daten sind im Internet über dnb.d-nb.de abrufbar.
© 2017 oekom verlag, München, Gesellschaft für ökologische Kommunikation mbH
Waltherstraße 29, 80337 München
Idee und Konzept: oekom e.V.,
Projektleitung: Caroline Nötzold (oekom verlag), Paul Fay (Stadt Frankfurt am Main),
Projektmitarbeit: Julia Hermann (oekom verlag), Katharina Küpfer (oekom verlag), Mareike Beiersdorf (Umweltlernen in Frankfurt e.V.), Michael Schlecht (Umweltlernen in Frankfurt e.V.)
Gestaltungskonzept: Sandra Filic (München), Gestaltung und Satz: Sandra Filic (München)
Umschlaggestaltung: Anita Mertz (oekom verlag), Saisonkalender: gretasschwester.com (Berlin)
Druck: AZ Druck und Datentechnik GmbH, Kempten
Alle Rechte vorbehalten
Printed in Germany
ISBN : 978-3-96238-000-7
Dieses Buch wurde auf 100% Recyclingpapier (zertifiziert mit dem Blauen Engel ZU 14) gedruckt. Der oekom verlag kompensiert unvermeidbare Emissionen durch Investitionen in ein Gold-Standard-Projekt. Mehr Informationen unter oekom.de

Die Herausgeber übernehmen keine rechtliche Verantwortung für den Inhalt der aufgeführten Weblinks sowie für die Richtigkeit der CO_2-Angaben.

Bildnachweise: **allgemein:** Stadt Frankfurt (3, 9), Matthias Walter (5, 56), Better Energy Systems Inc. DBA Solio (7), Eckhard Krumpholz (11/12), Salome Roessler (14), Bioland e. V. (15), Demeter e.V. (15), Naturland e.V. (15, 23, 32), EU-Bio-Siegel (15), Deutsches staatliches Bio-Siegel (15), Patty1971 (18), Palmengarten der Stadt Frankfurt am Main (21), Plant-for-the-Planet: www.plant-for-the-planet.org (21), Peter Bauer (22), Marine Stewardship Council (23), Aquaculture Stewardship Council (23), Gartendeck Oliver Eckert (24), Klimagourmet (26), solawis (27), Mainova AG (28, 49, 68, 70, 73), Bernd Hartung (30), TransFair e. V./M. Esch (32), dwp eG (32), GEPA - The Fair Trade Company (32), fair/fair for life (32), Transfair e. V. (33), BUNDjugend Hessen/S. Wolters (34), Repair Café Sasel/J. Arlt (36), GWR gGmbH (38), Umweltlernen in Frankfurt e.V. (39, 44, 53, 59, 62, 63), Syda Productions (40), Katharina Krechting/www.illuminated-k.com (41), wielebenwir e.V./Forum Freie Lastenräder 2015 mit Matemobil (46), Daimler (48), Drivy GmbH (49), Klima-Bündnis (50), bigstock.com/travelview (52), Stadt Salzgitter (57), Stadtbienen e.V. (gemeinnützig)/www.stadtbienen.org (60), pixelio.de/Rainer-Sturm (69), gettyimages/Cultura RM Exclusive/Stephen Lux (70/71), Moritz Bernoully/Ian Shaw Architekten BDA RIBA/POESIE-DES-WOHNENS.DE/URBAN ART & ARCHITECTURE PROJECT DURING THE SUMMER OF 2016/INITIATED BY AILEEN TREUSCH AND JON PRENGEL/TEAM: AILEEN TREUSCH, JON PRENGEL, FELIX KOSOK, SONJA MOERS, ANDREA SCHWAPPACH, TORSTEN BECKER/ARTIST IN RESIDENCE: JAGODA SMYTKA (72), Stadt Frankfurt (74), Tom Mannion (75)
fotolia.com: BillionPhotos (2), David (8/9), Rawpixel.com (13), unpict (15), Borodaev (23), nito (29), drubig-photo (31), photopalace (41), dietwalther (45), testfight (47), Africa Studio (64/65), tan4ikk (66), Kalle Kolodziej (67),
photocase.com: N.O.B. (4/5), bellaluna (7, 73), maxmed (6), chris-up (6/7), benicce (7), aidasonne (15), bit.it (16), misterQM (19), derthomasonline (24), leicagirl (25), mi.la (37), daniel. schoenen (43), christophe papke (54), colombo (55), jHELDEN (58), SangSom (58), AP-solution (60), streichholz (61), tchara (64), johannawittig (76)